高职高专化工专业系列教材

（工作活页式）

化工危险与可操作性（HAZOP）分析职业技能中级培训指导书

马秀英　赵晶　主编

孙秀华　主审

化学工业出版社

·北京·

内容简介

本书分为 HAZOP 基础知识、实战应用、题库自测三个模块，主要内容有 HAZOP 的发展、HAZOP 分析原理和标准、HAZOP 分析常见的术语、HAZOP 分析流程、HAZOP 分析软件等。其中从 HAZOP 的基本概念着手，介绍了 HAZOP 分析的具体方法，并且以脱丁烷塔精馏工艺为例，结合相关工艺参数偏离的分析，掌握理论知识和实践技能，并通过对计算机辅助 HAZOP 分析发展趋势的阐述。题库自测模块多角度、多层次的训练，拓宽学生的视野、强化知识和技能、激发学生的学习兴趣。

本书可作为化工危险与可操作性（HAZOP）分析职业技能培训教材，也可作为职业教育和化工类相关专业教材及相关企业员工培训用书。

图书在版编目（CIP）数据

化工危险与可操作性（HAZOP）分析职业技能中级培训指导书 / 马秀英，赵晶主编. —北京：化学工业出版社，2023.11

高职高专化工专业系列教材

ISBN 978-7-122-44230-7

Ⅰ.①化… Ⅱ.①马… ②赵… Ⅲ.①化工产品-危险物品管理-高等职业教育-教材 Ⅳ.①TQ086.5

中国国家版本馆 CIP 数据核字（2023）第 181995 号

责任编辑：潘新文　　　　　　　　装帧设计：韩　飞
责任校对：刘　一

出版发行：化学工业出版社（北京市东城区青年湖南街 13 号　邮政编码 100011）
印　　装：涿州市般润文化传播有限公司
787mm×1092mm　1/16　印张 7　字数 100 千字　2024 年 1 月北京第 1 版第 1 次印刷

购书咨询：010-64518888　　　　　　　　售后服务：010-64518899
网　　址：http://www.cip.com.cn
凡购买本书，如有缺损质量问题，本社销售中心负责调换。

定　价：32.00 元　　　　　　　　　　　　　　　版权所有　违者必究

前言

自20世纪60年代，随着过程工业逐步大型化，越来越多的有毒和易燃化学品的使用，新工艺的复杂程度越来越高，事故的规模变得越来越难以承受。惨痛的化工事故时有发生，给人民的财产安全和生命健康造成的损失是无法估量的，从事故中汲取经验教训的方法开始变得难以接受，采取传统的基于设备的方法已无法系统全面地辨识危险，亟须建立或完善一种安全管理体系，即一种系统化的过程危害分析方法。采取基于工艺的方法来辨识危险，能够在设计阶段对将来潜在的危险有一个预先的认知，危险与可操作性分析（Hazard and Operability，HAZOP）方法应运而生。

本书采用工作活页式排版。全书以管路和仪表流程图（Piping Instriment Diagram，PID，又称带控制点的工艺流程图）为研究对象，分析组按规定的方式系统地研究每一个单元（即分析节点），在引导词提示下，对系统中所有重要的工艺参数可能产生的偏差引起的潜在危险和操作性问题，以及设计方案中已采取的安全防护措施进行辨识和评价，提出需要生产工艺设计者进一步甄别的问题和修改设计或操作指令的建议。学生在学习的过程中，以典型的精馏工艺过程为基础，以丁烷的脱除为实战任务，对出现的工艺参数偏差进行分析，找出相应的解决措施，以避免严重事故的发生，从而培养学生的化工安全意识，建立危害辨识与风险管控的思维。

本书立足新时代绿色、循环、安全化工产业发展新形势，实现中华民族永续发展，改变职业教育实验与实践教学定位。全书以学生为中心，与职业岗位技能要求相融通，取材精炼，突出HAZOP分析方法在生产实践中的实际应用，突显实践性和实用性，以实现化工专业质量文化、安全文化、制度文化的建设与传承。

本书由青海柴达木职业技术学院的马秀英、赵晶担任主编，其中，赵晶编写模块一和模块三，马秀英负责模块二的编写。北京东方仿真控制技术有限公司的技术人员对本书的编写给予了大量的帮助。另外，北京华科易汇科技股份有限公司的魏文佳对于本书的大纲和逻辑结构的确定也给予了诸多指导。在此表示感谢，由于编者水平有限，编写时间仓促，书中难免有不足之处，敬请读者批评指正。

编者

2023 年 8 月

目 录

模块一　HAZOP 基础知识

一、HAZOP 的基础 ……………………………………………………… 3
　（一）HAZOP 的定义和发展史 ………………………………………… 4
　（二）HAZOP 分析的原理及作用 ……………………………………… 6
　（三）HAZOP 的特点和局限性 ………………………………………… 7
　（四）HAZOP 的标准和分析方法 ……………………………………… 8
二、HAZOP 分析常见术语 ……………………………………………… 9
　（一）分析节点 …………………………………………………………… 9
　（二）偏差、原因及后果 ……………………………………………… 10
　（三）措施 ……………………………………………………………… 16
　（四）事故（危险）剧情 ……………………………………………… 18
三、HAZOP 分析流程 …………………………………………………… 19
四、HAZOP 分析的 PID 读图识图 ……………………………………… 25
　（一）基本概念 ………………………………………………………… 25
　（二）PID 图包含的内容 ……………………………………………… 26
　（三）管路和仪表流程图图例 ………………………………………… 29
五、脱丁烷塔精馏工艺流程 …………………………………………… 38

模块二　实战应用

实训一　脱丁烷塔压力偏差分析 43
　　任务一　脱丁烷塔压力过高分析 43
　　任务二　脱丁烷塔压力过低分析 49
实训二　脱丁烷塔塔釜液位偏差分析 53
　　任务一　脱丁烷塔塔釜液位过高分析 53
　　任务二　脱丁烷塔塔釜液位过低分析 57
实训三　脱丁烷塔塔底温度偏差分析 61
　　任务一　脱丁烷塔塔底温度过高分析 61
　　任务二　脱丁烷塔塔底温度过低分析 65
实训四　脱丁烷塔回流量偏差分析 69
　　任务一　脱丁烷塔回流量过多分析 69
　　任务二　脱丁烷塔回流量过少分析 73

模块三　题库自测

一、单项选择题 79
二、判断题 100
三、简答题 103

参考文献 105

模块一

HAZOP 基础知识

模块一

HAZOP基础知识

【模块内容概述】

本模块为 HAZOP 基础知识，包括 HAZOP 的含义、发展过程、原理、作用、基本术语、标准，分析方法、步骤和流程等内容。通过学习，学生可初步了解 HAZOP 的相关知识。

【知识目标】

① 了解 HAZOP 的含义、原理。

② 了解 HAZOP 的起源、发展过程和现状。

③ 认知 HAZOP 分析的作用、功能及标准的制定。

④ 掌握 HAZOP 分析方法及特点、适用范围和局限性。

⑤ 理解 HAZOP 分析基本术语概念、结构特点和用法。

⑥ 掌握 HAZOP 分析方法的操作步骤和流程。

⑦ 掌握 HAZOP 分析工具程序流程图（Process Flow Diagram，PFD）、PID 图的概念、内容、用法等。

【素养目标】

① 培养学生的安全文化理念，建立安全意识。

② 提高学生职业素养和职业能力。

③ 养成危害辨识与风险管控的思维，增强分析化工过程潜在危险的能力。

④ 培养严谨的学习态度和良好的学习习惯。

一、HAZOP 的基础

引发危险事故的原因具有多样性，危险事故发生的可能性无处不在、无时不有；传统安全设计技术存在一定的缺陷；处于生产运行阶段的装置也存在多种事故隐患；历史教训使人们深刻地认识到：如果在事发之前就能识别出潜在危险，可有效地防止事故的发生。HAZOP 分析方法是全世界认可的、有效的危险识别和分析方法之一。

（一） HAZOP 的定义和发展史

1. HAZOP 的定义

HAZOP 全称为 Hazard and Operability Study 或 Hazard and Operability Analysis，即危险与可操作性分析，其是一种针对包括但不限于化工、电力等系统的系统性安全分析方法，是目前工业上应用最广泛的系统安全评价方法。对于新建和在役工厂，HAZOP 的目标是识别潜在的那些由偏离设计目标的偏差所引起的危险和操作性问题。

2. HAZOP 的发展史

（1）HAZOP 的出现

HAZOP 诞生在英国，由化学工程师 T. 克莱兹（图 1-1）在 41 岁时发明。1963 年，HAZOP 首次在帝国蒙德化学公司（Imperial Chemical Industries，ICI）新建苯酚工厂应用，在公司内部摸索和应用了 10 年之后才在英国普及推广；开始并不叫"HAZOP"，其在 ICI 公司应用经历了三个阶段。

① 早期：关键审查，寻找工艺偏差和替代措施（Critical Examination）。

② 中期：可操作性分析（Operability Analysis）。

③ 后期：危险性分析（Hazard Analysis）。

1974 年，英国化学工程师协会（Institution of Chemical Engineers，IChemE）举办过多次"可操作性研究和危险分析"技术的培训和推广。

1977 年，英国化学工业协会（Chemical Industries Association，CIA）首次发布《可操作性研究和危险分析实施技术指南》。

1983 年，T. 克莱兹在英国化学工程师协会（IChemE）培训课上首次命名为"HAZOP"。图 1-2 所示为 T. 克莱兹教授的第一部关于 HAZOP 专著。

1983 年之后，HAZOP 是英国化学工程专业学位的必修课之一。

自从 ICI 公司推出 HAZOP 以来，HAZOP 得到越来越广泛的应用，在世界范围内，HAZOP 已经被设计院和化工行业视为确保设计和运行完整性的标准惯例。

图 1-1　T. 克莱兹

图 1-2　T. 克莱兹教授的第一部关于 HAZOP 专著

（2）HAZOP 在中国的推广

HAZOP 目前获得了广泛的认可。近年来，中华人民共和国应急部安全生产监督管理总局，（简称"总局"）对 HAZOP 的推广及应用极为重视。

① 2007 年，总局在《危险化学品建设项目安全评价细则（试行）》中将 HAZOP 确定为新技术、新工艺的建设项目的工艺安全性分析方法。

② 2009 年，在中央企业开展 HAZOP 试点工作。

③ 2010 年，总局成立调研小组，对 HAZOP 试点单位进行调研。

④ 2010 年，发布实施《化工建设项目安全设计管理导则》（AQ/T 3033—2010），现版本更新为 2022 版，要求危险分析采用 HAZOP 分析方法。

⑤ 2011 年，申请安全标准化一级的单位要求必须经过 HAZOP 分析。

⑥ 2011 年，在北京召开"化工行业 HAZOP 技术推广交流会"。

⑦ 2012 年，总局委托中国化学品安全协会组织编写 HAZOP 专业教材。

⑧ 2012 年，中国化学品安全协会面向全国开展 HAZOP 系列培训。

⑨ 2013年，总局安监总管〔2013〕76号《关于进一步加强危险化学品建设项目安全设计管理的通知》要求对涉及"两重点一重大"的装置和首次工业化设计的建设项目，必须在基础设计阶段进行HAZOP分析。

⑩ 2022年，国家《化学过程安全管理导则》（AQ/T 3034—2022）发布，由原先12个要素增加至20个要素，其中安全领导力、安全责任制、本质更安全等8个要素为新增项。

⑪ 2023年，国家应急管理部印发《2023年危险化学品企业安全生产执法检查重点事项指导目录》。

（二）HAZOP分析的原理及作用

1. 基本原理

如果一个设备在其预期的或者设计的状态范围内运行，就不会处于危险状态，不导致不期望的事件或事故发生；反之，如果运行中某些状态指标超出了设计范围，系统很可能处于危险状态，导致危险事件或事故发生，造成设备和环境破坏、人员和财产损失。现实中，装置完全按照设计意图运行的很少，其分析原理如图1-3所示。

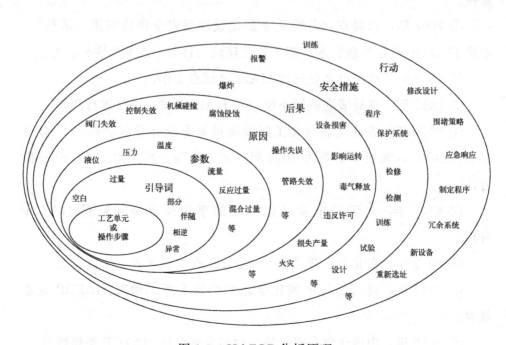

图1-3　HAZOP分析原理

2. 功能作用

① 系统性地识别生产装置中的潜在风险是所有危险分析方法中完备性、系统性最好的方法。传统的过程危害分析（Process Hazard Analysis，PHA）具有局限性，安全检查表等所识别出来的危险只是冰山一角，大量潜在危险没有被识别出来并加以控制。

② 执行 HAZOP 是企业贯彻"生产安全，预防为主"理念的有效措施。

③ 在设计阶段实施 HAZOP，可以为企业建造一个本质上更安全的装置系统。

④ 在生产运行阶段实施 HAZOP，可以减少操作失误或由于操作失误而导致的损失。

⑤ 可以全面识别和分析工厂潜在的事故。

⑥ 完善针对潜在重大事故的预防性安全措施，相当于把安全防线提前。

（三）HAZOP 的特点和局限性

1. HAZOP 的特点

（1）HAZOP 注重本质安全，评价过程重点分析过程安全，主要目的是提出预防事故发生的对策措施。其他安全评价方法注重事故后果影响分析，评价过程对职业安全管理比较重视，对事故发生后减少灾难损失和避免事故扩大提出的对策措施较多。

（2）HAZOP 具有系统性、全面性。HAZOP 能够对整个工艺过程进行系统的分析，能够全面地分析出导致事故发生的各种原因，包括工艺、设备、仪表自控、操作等因素，并由各专业协作；各个专业的具有不同知识背景的人员组成分析组，一起工作，比独自一人单独工作更具有创造性与系统性，能识别更多的问题，提出解决问题的对策措施。

其他安全评价方法虽然也对造成事故的原因进行分析，但整个分析过程不系统，往往凭经验进行评价，分析结果难免有遗漏，相应的对策措施也不完善。

（3）HAZOP针对特定的工艺进行分析，综合各方面知识提出解决问题的对策措施。其他安全评价方法依据法律法规、标准规范及相关的安全规程对整个项目进行评价，法律法规、标准规范及相关的安全规程覆盖面太广，针对性差（且经常修订）。

HAZOP仅对过程安全进行分析，是安全评价的一部分，不能替代安全评价。

（4）HAZOP分析不仅在项目设计阶段、试车阶段可以使用，对在役装置和操作规程也同样适用。

2. HAZOP的局限性

① HAZOP的成功，很大限度依赖于分析小组组长的领导力及小组成员的知识、经验和合作程度。

② HAZOP只基于现有的设计图纸，不考虑设计图纸未说明的行动或操作。

③ 任何一种风险分析技术都不能保证辨识出所有的危险源和风险，HAZOP也是如此。

④ 工艺安全管理有10个要素，PHA只是其中的1/10，而HAZOP只是PHA的方法之一，所以HAZOP不可能替代整个工艺过程的安全管理。

⑤ 对复杂的工艺流程，HAZOP应与其他风险分析方法联合使用，才有助于实现全面、有效的工艺危险分析，进而推进工艺安全管理。

（四）HAZOP的标准和分析方法

1. HAZOP的标准

HAZOP国际标准为IEC61882《危险与可操作性分析（HAZOP分析）应用指南》，2001年由国际电工委员会（International Electro Technical Commission，IEC）制订。

我国关于HAZOP的标准AQ/T 3049—2013《危险与可操作性分析（HAZOP分析）应用导则》如图1-4所示。

2. HAZOP 分析方法

HAZOP 是一种用于辨识设计缺陷、工艺过程危害及操作性问题的结构化分析方法。其本质就是通过系列的会议对工艺图纸和操作规程进行分析。在这个过程中，HAZOP 分析组分析每个工艺单元或操作步骤，识别出那些具有潜在危险的偏差，并对每个有意义的偏差都进行分析，包括分析它们的可能原因、后果和已有安全保护等，同时提出应该采取的措施。

图 1-4 《危险与可操作性分析（HAZOP 分析）应用导则》

二、HAZOP 分析常见术语

（一）分析节点

1. 划分分析节点的原因

HAZOP 分析是非常耗时和具体的"检查"工作，必须把装置分解成工艺单元进行 HAZOP 分析，再对单元内工艺参数的偏差进行分析。分析节点即工艺单元，即具有确定边界的设备单元。

2. 分析节点划分的基本原则

① 从管路和仪表流程图（Piping Instrument Diagram，PID）管线进入端开始。

② 直至设计意图的改变或直至工艺条件的改变，或直至下一个设备。

③ 按照设备和管线、工艺系统划分分析节点。表 1-1 所示按照设备类别进行分析节点划分。

表 1-1 按照设备类别进行分析节点划分

序号	分析节点	序号	分析节点
1	管线	8	鼓风机
2	泵	9	炉子
3	间歇式反应器	10	热交换器
4	连续式反应器	11	软管
5	罐/槽/容器	12	公用工程和辅助设施
6	塔	13	搅拌器
7	压缩机	14	以上基本节点的合理组合

（二）偏差、原因及后果

1. 偏差

情景：对于发烧这件事大家应该不陌生吧？发烧时最显著的表现是什么？

答：体温过高。

偏差（Deviation）：与所期望的设计意图的偏离，其结构为

偏差＝工艺参数＋引导词 （体温过高）；

（1）引导词 是一个简单的词或词组，用来限定或量化意图，并且联合工艺参数以得到偏差，具体如表 1-2 所示。

表 1-2　IEC-61882 给出的引导词

偏差类型	引导词	过程工业实例
否定	无,空白	没有达到任何目的,如流量无
量的改变	多,过量	量的增多,如温度高
	少,减量	量的减少,如温度低
性质的改变	伴随	出现杂质;同时执行了其他的操作或步骤
	部分	只达到一部分目的,如只输送了部分流体
替换	相反	管道中的物料反向流动及化学逆反应
	异常	最初目的没有实现,出现了完全不同的结果
时间	早	某事件的发生较给定时间早,如过滤或冷却
	晚	某事件的发生较给定时间晚,如过滤或冷却
顺序或序列	先	某事件在序列中过早地发生,如混合或加热
	后	某事件在序列中过晚地发生,如混合或加热

（2）参数　系统运行过程中工艺状态参数（与过程有关的物理和化学特性）：容纳、流量、温度、压力、液位、相组分、混合等，如表 1-3 所示。

表 1-3　引导词/参数一览表

参数	引导词						
	没有	过少的	过多的	额外的	不完整	相反的	错误的
容纳	完全泄漏	部分泄漏					
流量	没有流量	流量偏小	流量偏大	额外的流量		逆流	
温度		温度偏低	温度偏高		深冷		
压力	与大气相连	压力偏低	压力偏高			真空	

续表

参数	引导词						
	没有	过少的	过多的	额外的	不完整	相反的	错误的
液位	没有液位	液位偏低	液位偏高				
相		相减少	相增加			相变	非正常的相
组分		浓度偏低	浓度偏高	污染物	成分丧失		错误的物料
混合	没有混合	混合效果差	过度混合	产生泡沫		相分离	

【练一练】

HAZOP分析中的"偏差"是指每个节点的工艺参数发生一系列偏离工艺指标的情况。偏差的通常形式为（　　）

A. 工艺参数＋引导词　　　　B. 原因＋结果

C. 原因＋结果　　　　　　　D. 后果＋工艺参数

2. 原因

情景：发烧是如何引起的？

答：可能是由于中暑、着凉、器官炎症等引起的。

原因（Cause）：导致偏差发生的条件或事件，包括直接原因、初始原因、根本原因、起作用的原因等。在HAZOP分析中只关注初始原因。

初始原因是指在一个事故序列（一系列与该事故关联的事件链）中第一个事件。初始原因（IE）包括：

① 外部事件：不可控、不可预测，如自然灾害等。

② 设备故障。

③ 基本控制系统：如DCS控制系统。

④ 公用工程故障：如冷却水系统、蒸汽和燃料气系统的故障。

⑤ 人的失误：如人员误操作，违反操作规范。

【练一练】

临近工厂的重大事故属于初始原因的哪一类型？（　　　）

A. 设备故障　　　　　　　B. 人的失误

C. 外部事件　　　　　　　D. 公用工程故障

3. 后果

情景：发烧持续不退会发生什么？

答：可能出现脱水、抽搐、昏迷、死亡。

后果（Cons.）：工艺系统偏差设计意图时所导致的结果。

偏差发生后，在现有安全措施都失效的情况下，可能持续发展形成最坏的结果，例如，化学品泄漏、着火、爆炸、人员伤害、设备损坏、环境损坏及生产中断等。

（1）后果分类　危险因素导致事故发生的起因和条件不同，故需对其后果进行具体的分类，主要分为三类。

① 人身健康和安全影响（S/H）。

② 财产损失影响（F）。

③ 非财务性影响和社会影响（E）。

（2）后果严重性等级评估　通过图 1-5 描述可知，后果严重性等级评估需要从事故发生的可能性、严重性等方面综合考虑。事故或隐患发生时，在危险因素查出之后，应对其划分等级，排列出危险因素的先后次序和重点，以便分别处理。

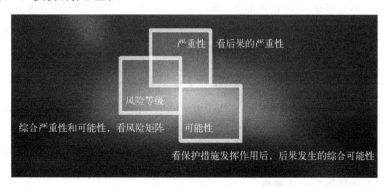

图 1-5　后果严重性等级评估

不同的类别又体现出不同等级程度的后果，由此分出 A~G 八个等级，从上到下分布，A~G 严重性依次增强，如表 1-4 所示。

表 1-4　后果严重性等级表

严重性等级	人身健康和安全影响(S/H)	财产损失影响(F)	非财务性影响与社会影响(E)
A	轻微影响的健康/安全事故： 1. 急救或医疗处理，但不需要住院，不会因事故伤害损失工作日； 2. 短时间暴露超标，引起身体不适，但不会长时间造成健康影响	直接经济损失在 10 万元以下	引起周围社区少数居民短期内不满、抱怨或投诉（如噪声超标）
B	中等影响的健康/安全事故： 1. 因事故伤害损失工作日； 2. 1~2 人轻伤	1. 直接经济损失 10 万~50 万元； 2. 造成局部停车	1. 当地媒体的短期报道； 2. 对当地公共设施的正常运行造成干扰（如导致某道路 24h 内无法正常通车）
C	较大影响的健康/安全事故： 1. 3 人以上轻伤或 1~2 人重伤（包括急性工业中毒，下同）； 2. 暴露超标，带来长期健康影响或造成职业相关严重疾病	1. 直接经济损失 50 万~200 万元； 2. 1~2 套装置停车。	1. 存在合规性问题，不会造成严重的安全后果或不会导致地方政府监管部门采取强制性措施； 2. 当地媒体的长期报道； 3. 在当体造成不良的社会影响。对当地公共设施日常运行造成严重干扰
D	较大安全事故导致人员受伤或重伤： 1. 界区内 1~2 人死亡或 3~9 人重伤； 2. 界区外 1~2 人重伤	1. 直接经济损失 200 万~1000 万元； 2. 造成 3 套及以上装置停车； 3. 发生局部区域的火灾爆炸。	1. 引起地方政府监管部门采取强制性措施； 2. 引起国内或国际媒体的短期负面报道

续表

严重性等级	人身健康和安全影响（S/H）	财产损失影响（F）	非财务性影响与社会影响（E）
E	严重的安全事故： 1. 界区内 3～9 人死亡或 10～50 人重伤； 2. 界区外 1～2 人死亡或 3～9 人重伤。	1. 直接经济损失 1000 万～5000 万元； 2. 造成发生失控的火灾或爆炸	1. 引起国内或国际媒体长期负面关注； 2. 造成省级范围内的不利社会影响； 3. 引起省级政府相关部门采取强制性措施； 4. 导致失去当地市场的生产经营和销售许可证
F	非常严重的安全事故，导致界区内或界区外多人伤亡： 1. 界区内 10～30 人死亡或 50～100 人重伤； 2. 界区外 3～9 人死亡或 10～50 人重伤	直接经济损失 5000 万～1 亿元	1. 引起国家相关部门采取强制性措施； 2. 在全国范围内造成严重的社会影响； 3. 引起国内、国际媒体重点跟踪报道或系列报道
G	特别重大的灾难性安全事故，导致界区内或界区外大量人员伤亡： 1. 界区内 30 人以上死亡或 100 人以上重伤； 2. 界区外 10～30 人死亡或 50～100 人重伤	直接经济损失 1 亿元以上	1. 引起国家领导人关注或国务院、部委领导作出批示； 2. 导致吊销国际、国内主要市场的生产、销售或经营许可证； 3. 引起国际、国内主要市场上公众或投资人的强烈愤慨或谴责

与此同时，如表 1-5 所示事故发生严重性等级和可能性等级综合评估表，后果发生时经常伴随着不同的可能性，从左到右共有八个等级，发生危险可能性逐渐增大。

表 1-5　事故发生严重性等级和可能性等级综合评估表

严重性等级	可能性等级							
	1	2	3	4	5	6	7	8
	类似的事件没有在石油石化行业发生过,且发生的可能性极低	类似的事件没有在石油石化行业发生过	类似事件在石化行业发生过	类似事件在石化行业发生过	类似的事件发生过或者在相似设备设施的使用寿命内发生	在设备设施的使用寿命内可能发生1次或2次	在设备设施的使用寿命内可能发生多次	在设备设施中经常发生(至少每年发生)
	$<10^{-6}$/年	$10^{-6}\sim10^{-5}$/年	$10^{-5}\sim10^{-7}$/年	$10^{-4}\sim10^{-3}$/年	$10^{-3}\sim10^{-2}$/年	$10^{-2}\sim10^{-1}$/年	$10^{-1}\sim1$/年	≥1/年
A	1	1	2	3	5	7	10	15
B	2	2	3	5	7	10	15	23
C	2	3	5	7	11	16	23	35
D	5	8	12	17	25	37	55	81
E	7	10	15	22	32	46	68	100
F	10	15	20	30	43	64	94	138
G	15	20	29	43	63	93	136	200

表 1-5 中严重性程度(风险值)分为低风险(1~9级)、一般风险(10~20级)、较大风险(21~39级)、重大风险(40级以上),判断时可根据 ALARP 原则。

(三)措施

1. 保护措施

情景:如何避免发烧?发烧后应该如何治疗?

答:加强身体锻炼、接种疫苗、吃药、多喝水,其中前两种方法针对的是还未发烧的情形,又称为预防措施;后两种是发烧之后采取的措施,称为减缓措施。

保护措施（Safeguards）：指的是可能中断初始事件后的事件链或减轻后果的任何设备、系统或行动，既包括防止措施又包括减缓措施。从工艺设计到社区应急反应，共分成8层，每一层都是独立保护层，称之为"洋葱"模型，具体见图1-6。

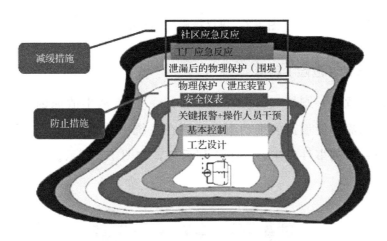

图1-6 保护措施"洋葱"模型

独立保护层（IPL）：一种设备、系统或行动，可有效地防止场景向不期望的后果发展，它与场景的初始事件或其他保护层的行动无关。

注：一个IPL至少应满足独立性、有效性、可审核性等特性。其PFD至少应为0.1。

要求的危险失效概率（PFD）：保护措施失效的可能性。例如PFD＝0.1意味着其保护功能要求10次只允许有1次失效。

硬件控制措施：如报警、联锁安全阀、爆破片等。

软控制措施：如取样分析、巡检、作业许可等。

2. 建议措施

建议措施是指在设计操作程序方面的改动建议，以降低危害事件发生概率和后果严重程度，从而达到控制风险水平的目的；如图1-7所示，在编写建议措施时，按照预防、控制、减弱的顺序编写。

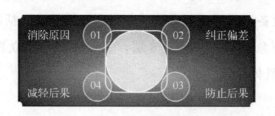

图 1-7　建议措施的编写顺序

（四）事故（危险）剧情

事故（危险）剧情（Incident Scenario）是指从事故原因起始，在物料流、信息流和能量流的推动下，危险在系统中传播，经过一系列变化，最终导致一系列事件发生，产生不利后果，如图 1-8 所示。

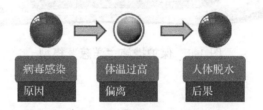

图 1-8　关于人体发烧的事故剧情

事故剧情举例见图 1-9 所示。

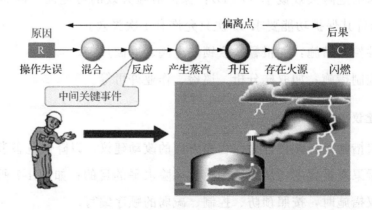

图 1-9　事故的剧情举例

HAZOP 分析如图 1-10 所示。

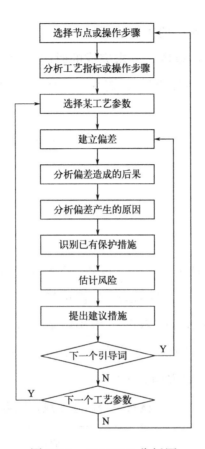

图 1-10　HAZOP 分析图

三、HAZOP 分析流程

HAZOP 分析主要分为以下几个步骤：分析准备、构建偏差矩阵、划分节点、HAZOP 分析会议、编制分析结果和追踪落实。

HAZOP 分析主要流程如图 1-11 所示。

图 1-11　HAZOP 分析主要流程图

1. 分析准备

(1) 制定章程

① 明确领导对工作组的工作期望。

② 确定分析工作的范围、要求完成的时间。

③ 确定 PHA 工作组已有何种资源、向何处求助及如何解决优先的矛盾等。

④ 制订一个 HAZOP 分析工作计划,包括工作组成员任务、完成计划的总体时间表。

(2) 组建小组

① 主持人。

② 记录员。

③ 工艺、设备、仪表、电气、HSE、操作等人员。

对于较小的工艺过程,HAZOP 分析小组 3~4 人就可以了;对于大型的、复杂的工艺过程,HAZOP 分析小组要求 5~7 人组成,包括主持人、记录员、工艺(设计)工程师仪表和控制(设计)工程师等。HAZOP 分析小组成员职责如表 1-6 所示。

表 1-6　HAZOP 分析小组成员职责

小组成员	职责
主持人(主席)	(1)进行 HAZOP 分析工作的准备; (2)选择 HAZOP 分析小组人员; (3)对 HAZOP 分析小组人员进行方法培训; (4)主持 HAZOP 分析会议; (5)编写 HAZOP 分析报告
记录员	(1)协助主持人进行 HAZOP 分析工作的准备; (2)参加 HAZOP 分析会议,并记录分析结果,确保分析内容的完整、准确; (3)把记录分发给小组人员,供他们审核和发表意见; (4)保管好记录表; (5)协助主持人编写 HAZOP 分析报告

续表

小组成员	职责
工艺(设计)工程师	(1)对每一个需要分析的系统进行简单的说明； (2)对每个系统的设计意图提供信息； (3)对设计和运行条件提供信息； (4)对工艺过程/运行危险提供信息
仪表和控制(设计)工程师	(1)提供控制细节和联锁装置基本原理； (2)提供控制和联锁装置硬件和软件信息； (3)提供硬件可靠性和故障模式信息； (4)提供控制系统、控制状态、安全性能信息； (5)提供测试要求、维护要求方面的信息

(3) 准备资料

① 物料的危害信息。

a. 所有物料的《化学品安全技术说明书》《MSDS》数据。

b. 可能产生的各种主要危害及对应的防护措施清单。

② 设备设计资料。

a. 设备的设计基础资料（包括设计依据、制造标准、设备结构图、安装图及操作维护手册或说明书等）。

b. 设备数据表（包括设计温度、设计压力、制造材质、壁厚、腐蚀余量等设计参数）。

c. 设备的平面布置图。

d. 管道系统图。

e. 安全阀和控制阀的计算书和相关文件。

f. 自控系统的联锁配置资料或相关的说明文件。

g. 安全设施资料（包括安全检测仪器、消防设施、防雷防静电设施、安全防护用具等的相关资料和文件）。

h. 其他相关资料。

③ 工艺设计资料。

a. 装置的工艺流程图（PFD图）。

b. 装置的工艺管道和仪表流程图（PID图）。

c. 装置的工艺流程说明和工艺技术路线的说明。

d. 对设计所依据的各项标准或引用资料的说明。

e. 装置的平面布置图。

f. 自控系统的联锁逻辑图及说明文件。

g. 紧急停车系统（Emergency Shutdown Device，ESD）的因果示意图。

h. 爆炸危险区域划分图。

i. 消防系统的设计依据及说明。

j. 废弃物的处理说明。

k. 排污放空系统及公用工程系统的设计依据及说明。

l. 其他相关的工艺技术信息资料。

④ 装置运行信息。

a. 装置历次分析评价的报告。

b. 相关的技改等变更记录和检维修记录。

c. 装置历次事故记录及调查报告。

d. 装置的现行操作规程和规章制度。

e. 其他的资料。

（4）操作规程准备

① 装置工艺技术规程。

② 装置安全技术规程。

③ 作业指导书或操作规程——开车、正常操作、停车、紧急停车等程序，各程序必须有明确的操作步骤和操作细节。

④ 装置维护手册（检维修规程）。

⑤ 与工艺安全有关的管理制度。

a. 工艺报警联锁装置管理制度。

b. 可燃气体和有毒气体报警装置管理制度。

⑥ 应急救援预案，包括应急救援设备、设施的配备及位置等信息。

（5）HAZOP培训准备、会场准备

有关资料和图纸收集整理完毕，组织者开始着手制订会议计划。首先需要确定会议所需时间，一般每个基本节点需要20～30min。最好把装置划成几个区域，每个区域的分析会议最好连续召开。一个区域分析完毕后，进行总结讨论，然后进行下一个区域的分析。

2. 构建偏差矩阵

偏差由引导词和工艺参数组合而成，用于描述偏离工艺指标的情况。结合项目实际，HAZOP分析小组讨论确定所需要的偏差矩阵，见表1-7。

表1-7 构建偏差矩阵

参数	引导词						
	空白（No）	减量（Less）	过量（More）	部分（Part of）	伴随（As Well As）	相逆（Reverse）	异常（Other Than）
压力	—	压力低	压力高	—	—	负压	—
温度	—	温度低	温度高	—	—	—	—
流量	无流量	流量小	流量大	含量不足	污染物	逆流	物质错误
操作	缺少步骤	时间太短	时间偏长	遗漏部分操作	进行额外操作	步骤相反	错误时间地点

3. 划分节点

节点划分是开展HAZOP分析的一项重要前期准备工作，是为了把复杂的系统分解为若干个相对较小的子系统。这样做，一方面可以分解复杂问题，为偏差的选定做好准备，另一方面也是HAZOP分析主持者深入理解工艺系统的过程。表1-8所示为划分节点举例。

表1-8 划分节点举例

序号	节点类型	序号	节点类型
1	管线	8	鼓风机
2	泵	9	炉子
3	间歇式反应器	10	热交换器
4	连续式反应器	11	软管
5	罐、槽、容器	12	操作步骤
6	塔	13	公用工程和服务设施
7	压缩机	14	其他

4. HAZOP 分析会议

HAZOP 分析是一个系统工程，HAZOP 分析组必须由与工程相关的各类专业人员组成，组成结构要合理，这种群体方式的分析优点是能相互促进、开拓思路。图 1-12 所示为基于引导词法的 HAZOP 分析流程图。

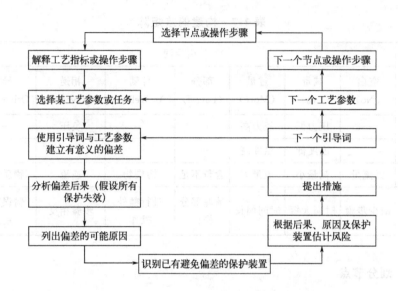

图 1-12　基于引导词法的 HAZOP 分析流程图

5. 编制 HAZOP 分析结果

完成 HAZOP 分析后，应该将每个偏差的记录整理成报告，以便更好地传达结论。报告的内容包括偏差的原因、后果、保护装置、建议措施，以及实施措施的可行性、经济性和可接受性等，如图 1-13 所示。

6. 追踪落实

HAZOP 分析提出了一些建议措施，这些措施应该得到落实，因此跟踪建议措施的整改是必需的。在某些适当阶段，应对项目进行进一步审查，最好由原来的项目负责人负责进一步的审查工作。这种审查有三个目标：确保所有的整改不损害原来的评估；审查资料，特别是制造商的数据；确保已经执行了所有提出的推荐措施。在确保已经执行了所有提出的

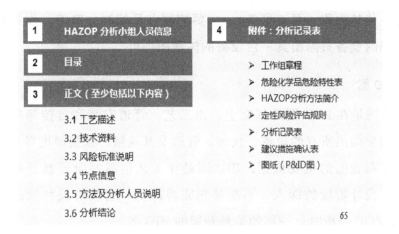

图 1-13　编制分析结果

推荐措施之后,项目负责人组织召开 HAZOP 关闭会议,一般由分析组全体人员参加,对 HAZOP 分析的建议措施逐条落实验证。

全部 HAZOP 分析的建议措施关闭后,签署最终版 HAZOP 分析报告,经业主确认后,完成全部 HAZOP 分析工作。

四、HAZOP 分析的 PID 读图识图

HAZOP 分析方法主要借助于 PID 图这个工具进行分析,通过 PID 概念讲解,掌握 PID 图纸的基本概念,通过常见图例的讲解与练习,可熟练应用图例;通过 PID 应用练习,可熟练、准确看图并获取图纸提供的信息。

(一) 基本概念

【思考 1】　化工厂有哪些类型的图纸?与操作员工作相关的图纸有哪些?

答:包括原则流程图(流程简图)、PFD 图、PID 图……

1. PFD 图

PFD 图由工艺流程组成,它包含了整个装置的主要信息、操作条件(温度、压力、流量等)、物料衡算(各个物流点的性质、流量、操作条件

等都在物流表中表示出来)、热量衡算(热负荷等)、设计计算(设备的外形尺寸、传热面积、泵流量等)、主要控制点及控制方案等。作用相同且规格相同的设备只需出具一台设备的流程图即可。

2. PID 图

PID 图是在 PFD 图的基础上,由工艺、管道安装和自控等项目共同组成,需要画出所有的设备、仪表、管道及其规格、保温厚度等内容,是绘制管道布置图的主要依据。PID 图是在工艺包编制阶段就开始形成初版,随着设计阶段的深入,不断补充完善深化,它按阶段和版次分别发表。HAZOP 分析时,使用的是最新版的 PID 图。

【思考 2】 PFD 图和 PID 图在应用场景方面有什么区别?

答:PFD 图与 PID 图在主要应用场景方面的区别见图 1-14。

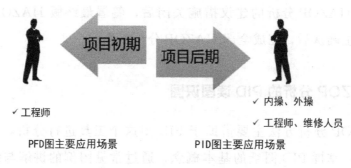

图 1-14 PFD 图与 PID 图在主要应用场景区别图

【思考 3】 PID 图与实际装置的信息应该一模一样,如果发现有区别应该怎么处理?

答:根据 PID 图的信息对现场有区别的地方进行改造。

(二) PID 图包含的内容

PID 图即管道和仪表流程图,上面显示了所有的设备、管道、工艺控制系统、安全联锁系统、物料互供关系、设备尺寸、设计温度、设计压力、管线尺寸、材料类型和等级、安全泄放系统、公用工程管线等关于工艺装置的关键信息，包含了所有的控制系统和大部分安全措施等内容，是 HAZOP 分析的重要依据。

1. **设备**

设备包括所有工作设备和备用设备。工作设备需要标注主要规格及工艺设计参数、容器的直径及长度（或高度）；泵通常注明流量 Q 和扬程 H，动力设备有时也标注出电机功率；换热器通常注明换热面积或换热量；成套供应的设备，通常用点划线画出成套设备的供货范围，有交叉的部分用分界线加标注的方式表达，有安装高度要求的设备须标出设备的最低安装高度。如图 1-15，最低安装高度需在图示中标出。

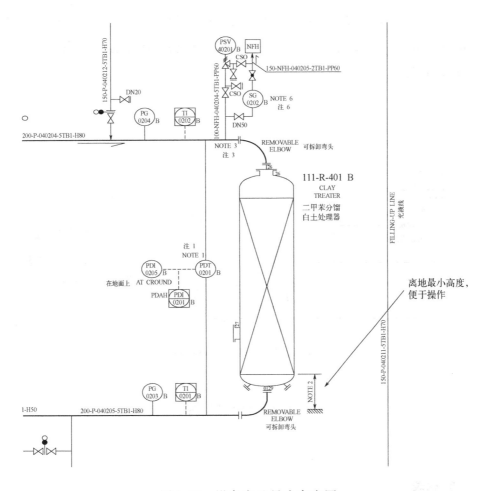

图 1-15　设备离地最小高度图

2. 管道

管道包括所有工艺和公用工程管道及阀门（除高点放空、低点放净阀门外）。

管道规格：所有工艺和公用工程管道都要注明管径、管道号、管道等级和介质流向。管径通常用公称直径表示。若同一根管道上使用了不同等级的材料，要注明管道等级分界点。

对间断使用的管道应标有"开车""停车"等字样，这一点对安全操作尤为重要。

为确保安全运行，某些阀门必须保持在一定的开启状态，阀门处要注明"常开（NO）""常关（NC）""锁开（LO）""锁关（LC）""铅封开（CSO）""铅封关（CSC）"等，管道在 PID 图中的衔接、管径变化、两相流、重力流、坡度要求等其他特殊要求也要在图中标出。图 1-16 为管道编制图。

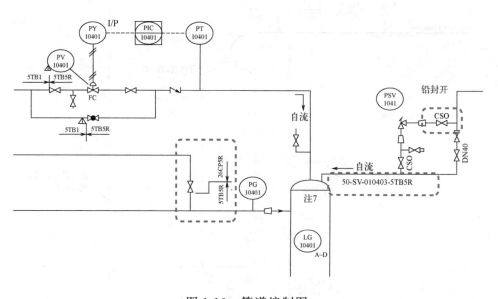

图 1-16 管道编制图

3. 仪表

仪表信息包括仪表编号、仪表功能、仪表类型、仪表控制回路、联锁等。流量计、控制阀等在线仪表的接口尺寸与管道尺寸不一致时，要指明尺寸及过渡异径管（大小头）。控制阀要注明仪表气源出现故障时要求的开关状态（FO 或 FC）。

4. 其他

安全阀、爆破片、呼吸阀、管道过滤器、疏水器、视镜等特殊管件也需标出，如图 1-17 所示。

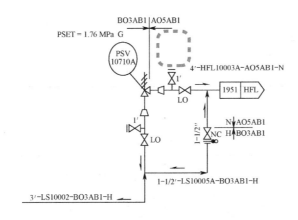

图 1-17　特殊管件标志图

（三）管路和仪表流程图图例

1. 设备

所有工艺设备和备用设备需要标注主要规格及工艺设计参数。常用设备标准图例如图 1-18 所示。

设备位号的编制通常包含以下信息：设备类型、设备序列号、设备在流程中所在单元等。常用设备类型如表 1-9 所示。

表 1-9　常用设备类型

类型	设备名称	英文名称
A	搅拌器	Agitator
C	压缩机或塔	Compressor/Column

续表

类型	设备名称	英文名称
D	容器	Drum
E	热交换器	Heat Exchanger
F	过滤器	Filter
T	储罐或塔	Tank(TK)/Tower
P	泵	Pump
R	反应器	Reactor
M	混合器	Mixer

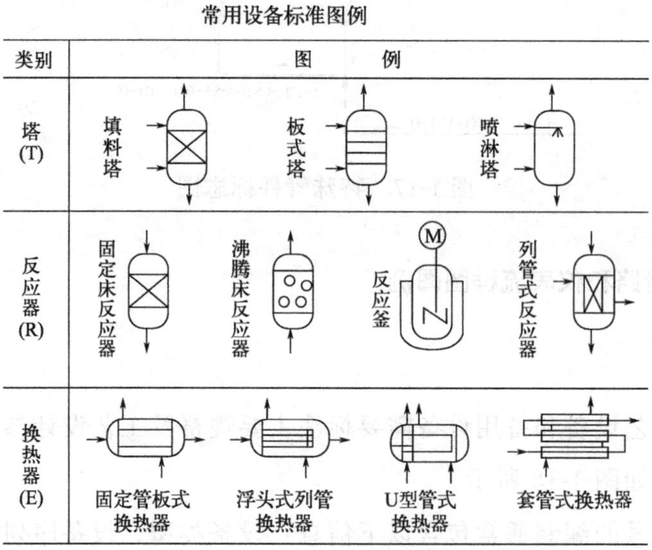

常用设备标准图例

类别	图例			
塔 (T)	填料塔	板式塔	喷淋塔	
反应器 (R)	固定床反应器	沸腾床反应器	反应釜	列管式反应器
换热器 (E)	固定管板式换热器	浮头式列管换热器	U型管式换热器	套管式换热器

图1-18 常用设备标准图例

例如：E-4460

E——类型；

44——单元号；

60——序列号。

2. 管道流程线

PID 图常用规定的图形符号和文字代号详细表示所需的全部管道、阀门、主要管件（包括临时管道、阀门和管件）、公用工程站和隔热等。图中的管道流程线均用粗实线表示，如图 1-19 所示。

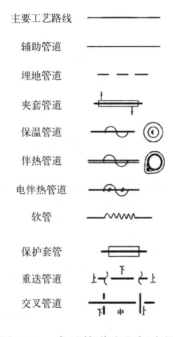

图 1-19 常见管道流程标志图

管道号的编制通常包含以下信息：管径、流体代码、管道序列号（包括所在工艺单元号）、管路等级、隔热类型等，如图 1-20 所示。

例如：10—P—4016—A33A—N

10——管道直径，mm；

P——流体代码；

4016——管道号（40——单元号，16——管道序列号）；

A33A——管路等级（材质/压力等级）；

N——保温类型：隔声。

在 PID 图中，通常用对应的代码来表示流体的名称，如表 1-10 所示。

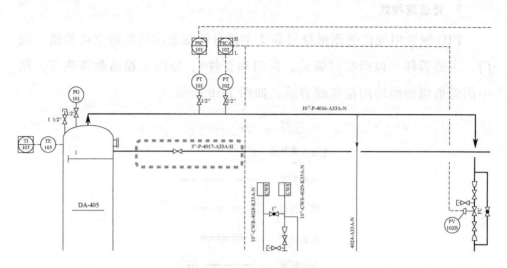

图 1-20 管道号编制图

表 1-10 常用流体代码缩写表示法

流体代码	流体名称	英文名称
P	工艺物料	Process
PA(AP)	装置空气	Plant Air
IA	仪表空气	Instrument Air
CWS	冷却水供水	Cooling Water Supply
CWR	冷却水回水	Cooling Water Return
NL/LN	低压氮气	Low Pressure Nitrogen
NM/MN	中压氮气	Medium Pressure Nitrogen
NH/HN	高压氮气	High Pressure Nitrogen
LPS/LS	低压蒸汽	Low Pressure Steam
MPS/MS	中压蒸汽	Medium Pressure Steam
HPS/HS	高压蒸汽	High Pressur Steam
FLG/FL	火炬气	Flare Gas
FW	消防水	Fire Fighting Water

3. 阀门

常见阀门图例见图 1-21。

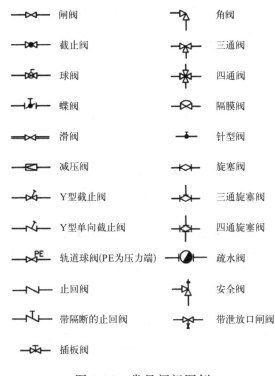

图 1-21　常见阀门图例

4. 仪表

在管道和仪表流程图中，仪表控制点符号以细实线在相应的管道处画出，仪表符号包括图形符号和字母代号，它们组合起来表示工业仪表所处理的被测变量和仪表的功能、名称。

(1) 图形符号　仪表（包括检测、显示、控制等仪表）的图形符号是一个细实线圆圈，直径约 10mm。需要时允许圆圈断开。必要时，检测仪表或元件也可以用象形符号表示。图 1-22 所示为通用仪表图例。

(2) 仪表识别字母　表示被测变量类型和仪表功能的字母代号。表 1-11 所示为常用仪表识别字母。

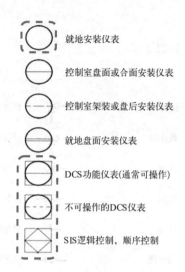

图 1-22 通用仪表图例

表 1-11 常用仪表识别字母

英文字母	变量类型 (第一位字母)	功能说明 (第 2~5 位字母)	示例
A	分析	报警	PIA:压力指示报警
C	电导率	控制	TIC:温度指示控制
D	密度	差/差值	PDI:压差指示
F	流量	—	
G	—	就地表	PG:就地压力表
H	手动	高报警	LIAH:液位指示报警
I	电流	指示	
L	液位	低报警	
P	压力	—	
Q	数量	累计	FIQ:流量指示累积
R	比例	控制	
T	温度	变送器	

（3）仪表位号　在检测控制系统中，构成一个回路的每个仪表（或元件）都应有自己的仪表位号。仪表位号由字母与阿拉伯数字组成。第一位字母表示被测变量，后继字母表示表的功能。一般用三位或四位数字表示装置号和仪表序号。图 1-23 所示为仪表位号表示示意图。

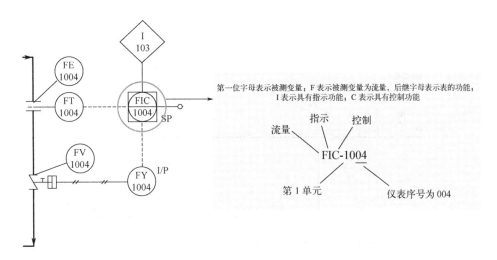

图 1-23　仪表位号表示示意图

（4）常见的控制回路

① 简单控制回路（单回路）：含流量、液位、压力、温度等控制器，如图 1-24 所示。

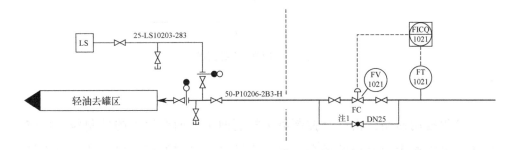

图 1-24　简单控制回路

② 复杂控制回路。

串级控制回路：特点是两个控制器相串联，主控制器的输出作为副控制器的给定，如图 1-25 所示。

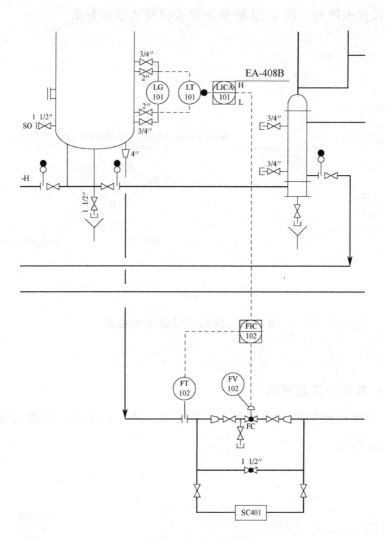

图 1-25　串级控制回路

分程控制回路：由一个控制器去控制两个或两个以上的控制阀，可应用于变量需要大幅改变的场合，或一个被控变量需要两个以上的操纵变量分阶段进行控制的场合，如图 1-26 所示。

比值控制回路：使两个或两个以上的流量保持一定的比值关系。

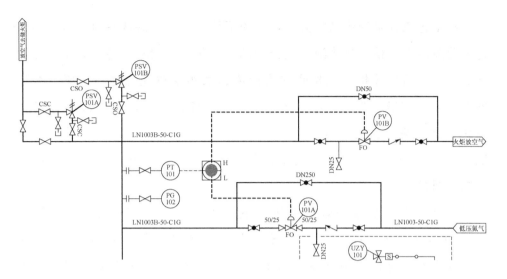

图 1-26 分程控制回路

（5）特殊管件　化工管路中的一些特殊管件，如盲板、膨胀节、各种类型的过滤器等，其图例如图 1-27 所示。

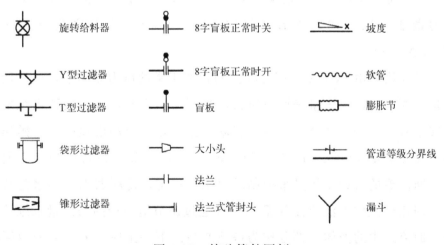

图 1-27 特殊管件图例

五、脱丁烷塔精馏工艺流程

本工艺流程是利用精馏方法，在脱丁烷塔中将丁烷从脱丙烷塔釜混合物中分离出来。精馏是将液体混合物部分气化，利用其中各组分相对挥发度的不同，通过液相和气相间的质量传递来实现对混合物的分离。本装置中将脱丙烷塔釜混合物部分气化，由于丁烷的沸点较低，即其挥发度较高，故丁烷易于从液相中气化出来，再将气化的蒸气冷凝，可得到丁烷组分高于原料的混合物，经过多次气化冷凝，即可达到分离混合物中丁烷的目的。

原料为67.8℃脱丙烷塔的塔釜液（主要有C4、C5、C6、C7等馏分），由脱丁烷塔（DA-405）的第16块板进料（全塔共32块板），进料量由流量控制器FIC101控制。调节器TC101通过调节再沸器加热蒸气的流量，来控制提馏段灵敏板的温度，从而控制丁烷的分离质量。

脱丁烷塔塔釜液（主要为C5以上馏分）一部分作为产品采出，一部分经再沸器（EA-418A.B）部分汽化为蒸气从塔底上升。塔釜的液位和塔釜产品采出量由LC101和FC102组成的串级控制器控制。再沸器采用低压蒸气加热。塔釜蒸气缓冲罐（FA-414）液位由液位控制器LC102通过调节底部采出量控制。塔顶的上升蒸气（C4馏分和少量C5馏分）经塔顶冷凝器（EA-419）全部冷凝成液体，该冷凝液靠位差流入回流罐（FA-408）。

塔顶压力由PC102采用分程控制，在正常的压力波动下，通过调节塔顶冷凝器的冷却水量来调节压力，当压力超高时，压力报警系统发出报警信号，PC102调节塔顶至回流罐的排气量，控制塔顶压力，操作压力为4.25atm（1atm=1.013×10^5Pa）（表压），高压控制器PC101通过调节回流罐的气相排放量来控制塔内压力稳定。冷凝器以冷却水为载热体。回流罐液位由液位控制器LC103通过调节塔顶产品采出量来维持恒定。回流罐中的液体一部分作为塔顶产品送下一工序，另一部分由回流泵（GA-412A.B）送回塔顶作为回流，回流量由流量控制器FC104控制。

【练一练】

根据流程说明补充图1-28中的相应内容。

1	2	3	4
5	6	7	8
9	10	11	12
13	14	15	16

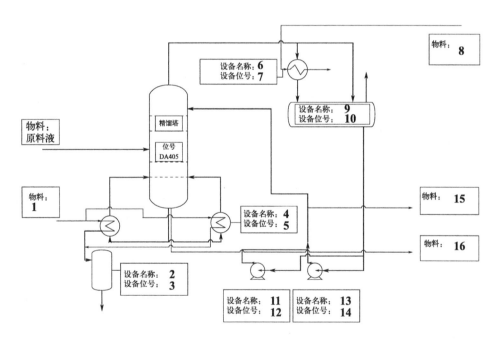

图1-28 练一练

模块二

实战应用

第二幕

實驗室內

【模块内容概述】

　　本模块主要针对脱丁烷塔中出现的不同工艺参数偏差，对产生的后果进行评估，分析原因，提出相关解决措施，使学生进一步熟悉化工危险可操作性分析的原理及过程。

【知识目标】

　　① 掌握脱丁烷塔设备的工作原理。
　　② 掌握脱丁烷塔产生工艺参数偏差的后果、原因及相关解决措施。
　　③ 对出现的工艺参数偏差能进行熟练的分析与操作。
　　④ 能正确判断产生工艺参数偏差的原因和解决措施，并形成报告。

【素质目标】

　　① 具备安全意识、标准意识、规范意识、团队意识。
　　② 培养实事求是、精益求精的工匠精神。
　　③ 培养分析问题、解决问题的能力。

实训一　脱丁烷塔压力偏差分析

任务一　脱丁烷塔压力过高分析

1. 实训目的

　　某工厂邀请 HAZOP 分析人员，针对脱丁烷塔装置召开分析会议，分析团队由多位专业人士组成，包括 HAZOP 主持人、HAZOP 记录员、工艺工程师、安全工程师、设备工程师、操作专家、仪表工程师。HAZOP 分析人员按照分析流程，主要围绕脱丁烷塔压力过高对事故后果严重性进行评估，找出产生工艺参数偏差的原因，提出相应改进措施，避免事故发生或造成严重影响。

2. 实训分析

（1）事故后果分析

脱丁烷塔压力升高，会导致法兰密封处物料泄漏。脱丁烷塔内的主要物料是 C4 混合物，根据《化学品安全技术说明书》可以了解 C4 物质特性，C4 的闪点为 $-60℃$，着火点为 $287℃$，爆炸极限为 $1.5\%\sim8.5\%$，综合以上数据，如果介质泄漏，遇到点火源或者达到爆炸极限，可能发生的严重事故是火灾爆炸，对人员、财产、企业公信力等会造成一定的影响。

请对造成的后果严重性进行评估，完成表 2-1 填写。

表 2-1　脱丁烷塔压力过高的后果评估

爆炸范围	涉及设备	人员伤亡	财产损失	企业公信力

（2）原因及改进措施分析

引发工艺参数偏差的原因主要有四类：设备故障类、人员误操作类、BPCS 失效类、公用工程故障类。根据工艺参数的偏差及可能产生的后果，进行原因分析、现有安全措施分析、风险等级评估及建议改进措施讨论，完成表 2-2 填写。

表 2-2　脱丁烷塔压力过高的原因及改进措施分析

	设备故障类		人员误操作类		BPCS 失效类		公用工程故障类	
原因	回流泵 GA-412A 故障		人员误操作,进料组分变轻		控制回路 PIC-102 故障,导致阀门 PV-102A 关小		低压蒸气压力高	
现有安全措施	设有压力控制回路 PIC101	设有流量少报警器 FICA104 及人员响应	设有压力控制回路 PIC101	设有压力高报警器 PICA102 及人员响应	设有压力控制回路 PIC101	—	设有压力控制回路 PIC101	设有温度高报警器 TICA101 及人员响应
措施类型								
建议改进措施								
措施类型								

姓名　　　　学号　　　　班级

3. 实训评价

请实训人员和教师根据表 2-3 的实训评价内容进行自我评价和教师评价，并根据评分标准将对应的得分填写于表中。

在整体分析过程中，分析团队完成表 2-4 的 HAZOP 分析卡。

表 2-3　脱丁烷塔压力过高分析评价表

序号	项目	分值	自我评价/分	教师评价/分
1	事故后果分析	10		
2	设备故障类原因及改进措施分析	10		
3	BPCS 失效类原因及改进措施分析	10		
4	人员误操作类原因及改进措施分析	10		
5	公用工程故障类原因及改进措施分析	10		
	小计	50		
	总分	100		

表 2-4 HAZOP 分析卡

偏离																	
后果																	
主持人						记录员			参与人员				分析日期		PID 图编号		
原因/初始事件	原始风险				保护措施及失效概率			降低后风险				建议改进措施			剩余风险		
	风险类别	严重性(S)	可能性(L)	相对风险率(RR)	现有安全措施	类型	IPL 的失效概率	风险类别	严重性(S)	可能性(L)	相对风险率(RR)	描述	类型	IPL 的失效概率	风险类别	严重性(S)	可能性(L)	相对风险率(RR)

姓名　　　学号　　　班级

续表

原因/初始事件	原始风险				保护措施及失效概率				降低后风险					建议改进措施				剩余风险			
	风险类别	严重性(S)	可能性(L)	相对风险率(RR)	现有安全措施	类型	IPL的失效概率		风险类别	严重性(S)	可能性(L)	相对风险率(RR)	描述	类型	IPL的失效概率	风险类别	严重性(S)	可能性(L)	相对风险率(RR)

任务二　脱丁烷塔压力过低分析

1. **实训目的**

某工厂邀请 HAZOP 分析人员针对脱丁烷塔装置召开分析会议，分析团队由多位专业人士组成，包括 HAZOP 主持人、HAZOP 记录员、工艺工程师、安全工程师、设备工程师、操作专家、仪表工程师。HAZOP 分析人员按照分析流程，主要围绕脱丁烷塔压力过低对事故后果严重性进行评估，找出产生工艺参数偏差的原因，提出相应改进措施，避免事故发生或造成严重影响。

2. **实训分析**

（1）事故后果分析

脱丁烷塔内的主要物料是 C4 混合物，C4 的闪点为 −60℃，着火点为 287℃，爆炸极限为 1.5%～8.5%。脱丁烷塔压力过低会使脱丁烷塔 DA-405 的操作曲线下移，容易造成塔底产品中 C4 含量超标，对人员、财产、企业公信力等方面会造成一定的影响。

请对造成的后果严重性进行评估，完成表 2-5 填写。

表 2-5　脱丁烷塔压力过低后果评估

爆炸范围	涉及设备	人员伤亡	财产损失	企业公信力

（2）原因及改进措施分析

引发工艺参数偏差的原因主要有四类：设备故障类、人员误操作类、BPCS 失效类、公用工程故障类。根据工艺参数的偏差及可能产生的后果，进行原因分析、现有安全措施分析、风险等级评估及建议改进措施讨论，完成表 2-6 填写。

表 2-6　脱丁烷塔压力过低原因及改进措施分析

原因	设备故障类		人员误操作类		BPCS 失效类		公用工程故障类	
	脱丁烷塔再沸器 EA-408A/B 结垢		人员误操作，进料组分变重		控制回路 PIC-101 故障，导致阀门 PV-101 开大		低压蒸气压力低	
现有安全措施	设有压力控制回路 PIC101	设有压力低报警器 PICA102 及人员响应	设有压力控制回路 PIC101	设有压力低报警器 PICA102 及人员响应	设有压力低报警器 PICA102 及人员响应		设有压力控制回路 PIC101	设有压力低报警器 PICA102 及人员响应
措施类型								
建议改进措施								
措施类型								

3. 实训评价

请实训人员和教师根据表 2-7 的实训评价内容进行自我评价和教师评价，并根据评分标准将对应的得分填写于表中。

在整体分析过程中，分析团队完成表 2-8 的 HAZOP 分析卡。

表 2-7　脱丁烷塔压力过低分析评价表

序号	项目	分值	自我评价/分	教师评价/分
1	事故后果分析	10		
2	设备故障类原因及改进措施分析	10		
3	BPCS 失效类原因及改进措施分析	10		
4	人员误操作类原因及改进措施分析	10		
5	公用工程故障类原因及改进措施分析	10		
	小计	50		
	总分	100		

姓名　　　　　学号　　　　　班级

表 2-8　HAZOP 分析卡

偏离											
后果											
主持人			记录员				参与人员			分析日期		PID 图编号	
原因/初始事件	原始风险				保护措施及失效概率			降低后风险				建议改进措施			剩余风险			
	风险类别	严重性(S)	可能性(L)	相对风险率(RR)	现有安全措施	类型	IPL的失效概率	风险类别	严重性(S)	可能性(L)	相对风险率(RR)	描述	类型	IPL的失效概率	风险类别	严重性(S)	可能性(L)	相对风险率(RR)

续表

原因/初始事件	原始风险				保护措施及失效概率			降低后风险				建议改进措施			剩余风险			
	风险类别	严重性(S)	可能性(L)	相对风险率(RR)	现有安全措施	IPL的类型	IPL的失效概率	风险类别	严重性(S)	可能性(L)	相对风险率(RR)	描述	类型	IPL的失效概率	风险类别	严重性(S)	可能性(L)	相对风险率(RR)

姓名　　　　　学号　　　　　班级

实训二　脱丁烷塔塔釜液位偏差分析

任务一　脱丁烷塔塔釜液位过高分析

1. 实训目的

某工厂邀请 HAZOP 分析人员，针对脱丁烷塔装置召开分析会议，分析团队由多位专业人士组成，包括 HAZOP 主持人、HAZOP 记录员、工艺工程师、安全工程师、设备工程师、操作专家、仪表工程师。HAZOP 分析人员按照分析流程，主要围绕脱丁烷塔塔釜液位过高，对事故后果严重性进行评估，找出产生工艺参数偏差的原因，提出相应改进措施，避免事故发生或造成严重影响。

2. 实训分析

（1）事故后果分析

脱丁烷塔塔釜液位过高，导致精馏塔底抽出汽油质量不合格。

请对造成的后果严重性进行评估，完成表 2-9 填写。

表 2-9　脱丁烷塔塔釜液位过高后果评估

爆炸范围	涉及设备	人员伤亡	财产损失	企业公信力

（2）原因及改进措施分析

引发工艺参数偏差的原因主要有四类：设备故障类、人员误操作类、

BPCS 失效类、公用工程故障类。根据工艺参数的偏差及可能产生的后果，进行原因分析、现有安全措施分析、风险等级评估及建议改进措施讨论，完成表 2-10 填写。

表 2-10 脱丁烷塔液位过高原因及措施分析

	设备故障类	人员误操作类	BPCS 失效类	公用工程故障类
原因	脱丁烷塔再沸器 EA-408A/B 长时间使用,结垢严重	人员误操作,进料组分变重	控制回路 LI-CA101（串级 FIC102）故障,导致 FV102 关小或全关	低压蒸气压力低
现有安全措施	设有液位高报警器 LICA101 及人员响应	设有液位高报警器 LICA101 及人员响应	设有现场液位计 LG101 及人员日常巡检	设有液位高报警器 LICA101 及人员响应
措施类型				
建议措施				
措施类型				

3. 实训评价

请实训人员和教师根据表 2-11 的实训评价内容进行自我评价和教师评价，并根据评分标准将对应的得分填写于表中。

在整体分析过程中，分析团队完成表 2-12 的 HAZOP 分析卡。

表 2-11 脱丁烷塔液位过高分析评价表

序号	项目	分值	自我评价/分	教师评价/分
1	事故后果分析	10		
2	设备故障类原因及改进措施分析	10		
3	BPCS 失效类原因及改进措施分析	10		
4	人员误操作类原因及改进措施分析	10		
5	公用工程故障类原因及改进措施分析	10		
	小计	50		
	总分	100		

姓名　　　　学号　　　　班级

表 2-12　HAZOP 分析卡

偏离																
后果																
主持人			记录员				参与人员				分析日期			PID图编号		
原因/初始事件	原始风险				保护措施及失效概率			降低后风险				建议改进措施			剩余风险		
	风险类别	严重性(S)	可能性(L)	相对风险率(RR)	现有安全措施	类型	IPL的失效概率	风险类别	严重性(S)	可能性(L)	相对风险率(RR)	描述	类型	IPL的失效概率	风险类别	严重性(S)	可能性(L)	相对风险率(RR)

续表

原因/初始事件	原始风险				保护措施及失效概率			降低后风险				建议改进措施			剩余风险			
	风险类别	严重性(S)	可能性(L)	相对风险率(RR)	现有安全措施	类型	IPL的失效概率	风险类别	严重性(S)	可能性(L)	相对风险率(RR)	描述	类型	IPL的失效概率	风险类别	严重性(S)	可能性(L)	相对风险率(RR)

任务二 脱丁烷塔塔釜液位过低分析

1. 实训目的

某工厂邀请 HAZOP 分析人员，针对脱丁烷塔装置召开分析会议，分析团队由多位专业人士组成，包括 HAZOP 主持人、HAZOP 记录员、工艺工程师、安全工程师、设备工程师、操作专家、仪表工程师。HAZOP 分析人员按照分析流程，主要围绕脱丁烷塔塔釜液位过低，对事故后果严重性进行评估，找出产生工艺参数偏差的原因，提出相应改进措施，避免事故发生或造成严重影响。

2. 实训分析

（1）事故后果分析

脱丁烷塔塔釜液位过低，会引起窜气，轻组分 C4 被夹带至裂解汽油，影响产品质量，长时间运行会造成再沸器 EA-408A/B 干烧损坏。

请对造成的后果严重性进行评估，完成表 2-13 填写。

表 2-13 脱丁烷塔塔釜液位过低后果评估

爆炸范围	涉及设备	人员伤亡	财产损失	企业公信力

（2）原因及改进措施分析

引发工艺参数偏差的原因主要有四类：设备故障类、人员误操作类、BPCS 失效类、公用工程故障类。根据工艺参数的偏差及可能产生的后果，进行原因分析、现有安全措施分析、风险等级评估及建议改进措施讨论，完成表 2-14 填写。

表 2-14　脱丁烷塔塔釜液位过低原因及改进措施分析

	设备故障类	人员误操作类	BPCS 失效类	公用工程故障类
原因		界区外来料少/中断	控制回路 LI-CA101（串级 FIC102）故障，导致 FV102 开大	控制回路 FIC101 故障，导致阀门 FV101 关小或全关	
现有安全措施		设有液位低报警器 LICA101 及人员响应	设有现场液位计 LG101 及人员日常巡检	设有液位低报警器 LI-CA101 及人员响应	
措施类型					
建议措施					
措施类型					

3. 实训评价

请实训人员和教师根据表 2-15 的实训评价内容进行自我评价和教师评价，并根据评分标准将对应的得分填写于表中。

在整体分析过程中，分析团队完成表 2-15 的 HAZOP 分析卡。

表 2-15　脱丁烷塔塔釜液位过低分析评价表

序号	项目	分值	自我评价/分	教师评价/分
1	事故后果分析	10		
2	设备故障类原因及改进措施分析	10		
3	BPCS 失效类原因及改进措施分析	10		
4	人员误操作类原因及改进措施分析	10		
5	公用工程故障类原因及改进措施分析	10		
	小计	50		
	总分	100		

表 2-16 HAZOP 分析卡

偏离																	
后果																	
主持人					记录员				参与人员				分析日期		PID 图编号		
原因/初始事件	原始风险				保护措施及失效概率			降低后风险				建议改进措施			剩余风险		
	风险类别	严重性(S)	可能性(L)	相对风险率(RR)	现有安全措施	类型	IPL的失效概率	风险类别	严重性(S)	可能性(L)	相对风险率(RR)	描述	类型	IPL的失效概率	风险类别	严重性(S) 可能性(L)	相对风险率(RR)

续表

原因/初始事件	原始风险				保护措施及失效概率			降低后风险				建议改进措施			剩余风险			
	风险类别	严重性(S)	可能性(L)	相对风险率(RR)	现有安全措施	类型	IPL的失效概率	风险类别	严重性(S)	可能性(L)	相对风险率(RR)	描述	类型	IPL的失效概率	风险类别	严重性(S)	可能性(L)	相对风险率(RR)

实训三　脱丁烷塔塔底温度偏差分析

任务一　脱丁烷塔塔底温度过高分析

1. 实训目的

某工厂邀请 HAZOP 分析人员，针对脱丁烷塔装置召开分析会议，分析团队由多位专业人士组成，包括 HAZOP 主持人、HAZOP 记录员、工艺工程师、安全工程师、设备工程师、操作专家、仪表工程师。HAZOP 分析人员按照分析流程，主要围绕脱丁烷塔塔底温度过高，对事故后果严重性进行评估，找出产生工艺参数偏差的原因，提出相应改进措施，避免事故发生或造成严重影响。

2. 实训分析

（1）事故后果分析

脱丁烷塔内的主要物料是 C4 混合物，C4 的闪点为 $-60℃$，着火点为 $287℃$，爆炸极限为 $1.5\%\sim8.5\%$。塔底温度过高，会使混合 C4 产品中 C5 含量超标，产品质量不合格，严重时导致脱丁烷塔 DA-405 压力升高，造成气体泄漏，遇点火源引发火灾爆炸。

请对造成的后果严重性进行评估，完成表 2-17 填写。

表 2-17　脱丁烷塔塔底温度过高后果评估

爆炸范围	涉及设备	人员伤亡	财产损失	企业公信力

（2）原因及改进措施分析

引发工艺参数偏差的原因主要有四类：设备故障类、人员误操作类、

BPCS 失效类、公用工程故障类。根据工艺参数的偏差及可能产生的后果，进行原因分析、现有安全措施分析、风险等级评估及建议改进措施讨论，完成表 2-18 填写。

表 2-18　脱丁烷塔塔底温度过高原因及改进措施分析

	设备故障类		人员误操作类	BPCS 失效类	公用工程故障类	
原因	回流泵 GA-412A 故障		脱丁烷塔温度控制 TICA101 故障，导致阀门 TV101 开大	控制回路 FIC101 故障，导致阀门 FV101 关小或全关	低压蒸气压力高	
现有安全措施	设有压力控制回路 PIC101	设有流量低报警器 FICA104 及人员响应	设有压力控制回路 PIC101	设有压力高报警器 PICA102 及人员响应	设有压力控制回路 PIC101	设有温度高报警器 TICA101 及人员响应	设有压力控制回路 PIC101	设有温度高报警器 TICA101 及人员响应
措施类型						
建议措施						
措施类型						

3. 实训评价

请实训人员和教师根据表 2-19 的实训评价内容进行自我评价和教师评价，并根据评分标准将对应的得分填写于表中。

在整体分析过程中，分析团队完成表 2-20 的 HAZOP 分析卡。

表 2-19　脱丁烷塔塔底温度过高分析评价表

序号	项目	分值	自我评价/分	教师评价/分
1	事故后果分析	10		
2	设备故障类原因及改进措施分析	10		
3	BPCS 失效类原因及改进措施分析	10		
4	人员误操作类原因及改进措施分析	10		
5	公用工程故障类原因及改进措施分析	10		
	小计	50		
	总分	100		

表 2-20 HAZOP 分析卡

偏离																
后果																
主持人						记录员				参与人员				分析日期		PID 图编号
原因/初始事件	原始风险				保护措施及失效概率			降低后风险				建议改进措施			剩余风险	
	风险类别	严重性(S)	可能性(L)	相对风险率(RR)	现有安全措施	类型	IPL 的失效概率	风险类别	严重性(S)	可能性(L)	相对风险率(RR)	描述	类型	IPL 的失效概率	风险类别	严重性(S)	可能性(L)	相对风险率(RR)

续表

原因/初始事件	原始风险				保护措施及失效概率			降低后风险				建议改进措施			剩余风险			
	风险类别	严重性(S)	可能性(L)	相对风险率(RR)	现有安全措施	类型	IPL的失效概率	风险类别	严重性(S)	可能性(L)	相对风险率(RR)	描述	类型	IPL的失效概率	风险类别	严重性(S)	可能性(L)	相对风险率(RR)

任务二　脱丁烷塔塔底温度过低分析

1. **实训目的**

某工厂邀请 HAZOP 分析人员,针对脱丁烷塔装置召开分析会议,分析团队由多位专业人士组成,包括 HAZOP 主持人、HAZOP 记录员、工艺工程师、安全工程师、设备工程师、操作专家、仪表工程师。HAZOP 分析人员按照分析流程,主要围绕脱丁烷塔塔底温度过低,对事故后果严重性进行评估,找出产生工艺参数偏差的原因,提出相应改进措施,避免事故发生或造成严重影响。

2. **实训分析**

(1) 事故后果分析

脱丁烷塔塔底温度过低,会使混合 C4 产品收率下降,塔釜出料中含有 C4,出料产品不合格。

请对造成的后果严重性进行评估,完成表 2-21 填写。

表 2-21　脱丁烷塔塔底温度过低后果评估

爆炸范围	涉及设备	人员伤亡	财产损失	企业公信力

(2) 原因及改进措施分析

引发工艺参数偏差的原因主要有四类:设备故障类、人员误操作类、BPCS 失效类、公用工程故障类。根据工艺参数的偏差及可能产生的后果,进行原因分析、现有安全措施分析、风险等级评估及建议措施讨论,完成表 2-22 填写。

表 2-22 脱丁烷塔塔底温度过低原因及改进措施分析

	设备故障类	人员误操作类	BPCS 失效类	公用工程故障类
原因	低压蒸气压力低	控制回路 FIC101 故障，导致阀门 FV101 开大	脱丁烷塔再沸器 EA-408A/B 结垢	控制回路 TIC101 故障，导致阀门 TV101 关小或全关
现有安全措施	设有温度低报警器 TICA101 及人员响应	设有温度低报警器 TICA101 及人员响应	设有温度低报警器 TICA101 及人员响应	设有温度低报警器 TICA101 及人员响应
措施类型				
建议措施				
措施类型				

3. 实训评价

请实训人员和教师根据表 2-23 的实训评价内容进行自我评价和教师评价，并根据评分标准将对应的得分填写于表中。

在整体分析过程中，分析团队完成表 2-24 的 HAZOP 分析卡。

表 2-23 脱丁烷塔塔底温度过低分析评价表

序号	项目	分值	自我评价/分	教师评价/分
1	事故后果分析	10		
2	设备故障类原因及改进措施分析	10		
3	BPCS 失效类原因及改进措施分析	10		
4	人员误操作类原因及改进措施分析	10		
5	公用工程故障类原因及改进措施分析	10		
	小计	50		
	总分	100		

表 2-24　HAZOP 分析卡

偏离																
后果																
主持人				记录员				参与人员				分析日期		PID图编号		
原因/初始事件	原始风险				保护措施及失效概率			降低后风险				建议改进措施		剩余风险		
	风险类别	严重性(S)	可能性(L)	相对风险率(RR)	现有安全措施	类型	IPL的失效概率	风险类别	严重性(S)	可能性(L)	相对风险率(RR)	描述	类型	风险类别	严重性(S)	可能性(L)	相对风险率(RR)

续表

原因/初始事件	原始风险				保护措施及失效概率			降低后风险				建议改进措施				剩余风险			
	风险类别	严重性(S)	可能性(L)	相对风险率(RR)	现有安全措施	类型	IPL的失效概率	风险类别	严重性(S)	可能性(L)	相对风险率(RR)	描述	类型	IPL的失效概率	风险类别	严重性(S)	可能性(L)	相对风险率(RR)

姓名　　　　学号　　　　班级

实训四　脱丁烷塔回流量偏差分析

任务一　脱丁烷塔回流量过多分析

1. 实训目的

某工厂邀请 HAZOP 分析人员,针对脱丁烷塔装置召开分析会议,分析团队由多位专业人士组成,包括 HAZOP 主持人、HAZOP 记录员、工艺工程师、安全工程师、设备工程师、操作专家、仪表工程师。HAZOP 分析人员按照分析流程主要围绕脱丁烷塔回流量过多,对事故后果严重性进行评估,找出产生工艺参数偏差的原因,提出相应改进措施,避免事故发生或造成严重影响。

2. 实训分析

(1) 事故后果分析

脱丁烷塔回流量过多,会导致混合 C4 产品收率下降,塔釜出料中含有 C4,出料产品不合格。

请对造成的后果严重性进行评估,完成表 2-25 填写。

表 2-25　脱丁烷塔回流量过多后果评估

爆炸范围	涉及设备	人员伤亡	财产损失	企业公信力

(2) 原因及措施分析

引发工艺参数偏差的原因主要有四类:设备故障类、人员误操作类、

BPCS 失效类、公用工程故障类。根据工艺参数的偏差及可能产生的后果，进行原因分析、现有安全措施分析、风险等级评估及建议改进措施讨论，完成表 2-26 填写。

表 2-26　脱丁烷塔回流量过多原因及改进措施分析

	设备故障类	人员误操作类	BPCS 失效类	公用工程故障类
原因			控制回路 FICA104 故障，导致阀门 FV104 开大	
现有安全措施			设有温度低报警器 TICA101 及人员响应	
措施类型				
建议措施				

3. 实训评价

请实训人员和教师根据表 2-27 的实训评价内容进行自我评价和教师评价，并根据评分标准将对应的得分填写于表中。

在整体分析过程中，分析团队完成表 2-28 的 HAZOP 分析卡。

表 2-27　脱丁烷塔回流量过多分析评价表

序号	项目	分值	自我评价/分	教师评价/分
1	事故后果分析	10		
2	设备故障类原因及改进措施分析	10		
3	BPCS 失效类原因及改进措施分析	10		
4	人员误操作类原因及改进措施分析	10		
5	公用工程故障类原因及改进措施分析	10		
	小计	50		
	总分	100		

表 2-28　HAZOP 分析卡

偏离																	
后果																	
主持人			记录员				参与人员				分析日期			PID 图编号			
原因/初始事件	原始风险				现有安全措施	保护措施及失效概率		降低后风险				建议改进措施			剩余风险		
	风险类别	严重性(S)	可能性(L)	相对风险率(RR)		类型	IPL 的失效概率	风险类别	严重性(S)	可能性(L)	相对风险率(RR)	描述	类型	IPL 的失效概率	风险类别	严重性(S)	可能性(L)	相对风险率(RR)

续表

原因/初始事件	原始风险				保护措施及失效概率			降低后风险				建议改进措施			剩余风险		
	风险类别	严重性(S)	可能性(L)	相对风险率(RR)	现有安全措施	类型	IPL的失效概率	风险类别	严重性(S)	可能性(L)	相对风险率(RR)	描述	类型	IPL的失效概率	风险类别	严重性(S)	可能性(L)	相对风险率(RR)

姓名　　　　学号　　　　班级

任务二　脱丁烷塔回流量过少分析

1. 实训目的

某工厂邀请 HAZOP 分析人员，针对脱丁烷塔装置召开分析会议，分析团队由多位专业人士组成，包括 HAZOP 主持人、HAZOP 记录员、工艺工程师、安全工程师、设备工程师、操作专家、仪表工程师。HAZOP 分析人员按照分析流程，主要围绕脱丁烷塔回流量过少，对事故后果严重性进行评估，找出产生工艺参数偏差的原因，提出相应改进措施，避免事故发生或造成严重影响。

2. 实训分析

（1）事故后果分析

脱丁烷塔回流量过少，混合 C4 产品中 C5 含量超标，产品质量不合格，严重时导致脱丁烷塔 DA-4051 压力升高，严造成气体泄漏，遇点火源引发火灾爆炸。

请对造成的后果严重性进行评估，完成表 2-29 填写。

表 2-29　脱丁烷塔回流量过少后果评估

爆炸范围	涉及设备	人员伤亡	财产损失	企业公信力

（2）原因及改进措施分析

引发工艺参数偏差的原因主要有四类：设备故障类、人员误操作类、BPCS 失效类、公用工程故障类。根据工艺参数的偏差及可能产生的后果，进行原因分析、现有安全措施分析、风险等级评估及建议措施讨论，完成表 2-30。

表 2-30 脱丁烷塔回流量过少原因及措施分析

原因	设备故障类	人员误操作类	BPCS 失效类	公用工程故障类
	回流泵故障		控制回路 FICA104 故障，导致阀门 FV104 关小或全关	
现有安全措施	设有流量少报警器 FICA104 及人员响应	设有压力控制回路 PIC101	设有温度高报警器 TICA101 及人员响应	设有压力控制回路 PIC101
措施类型				
建议措施				

3. 实训评价

请实训人员和教师根据表 2-31 的实训评价内容进行自我评价和教师评价，并根据评分标准将对应的得分填写于表中。

在整体分析过程中，分析团队完成表 2-32 的 HAZOP 分析卡。

表 2-31 脱丁烷塔回流量过少分析评价表

序号	项目	分值	自我评价/分	教师评价/分
1	事故后果分析	10		
2	设备故障类原因及改进措施分析	10		
3	BPCS 失效类原因及改进措施分析	10		
4	人员误操作类原因及改进措施分析	10		
5	公用工程故障类原因及改进措施分析	10		
	小计	50		
	总分	100		

姓名　　　　学号　　　　班级

表 2-32　HAZOP 分析卡

偏离															
后果															
主持人					记录员				参与人员				分析日期		PID 图编号
原因/初始事件	原始风险				保护措施及失效概率			降低后风险				建议改进措施			剩余风险
	风险类别	严重性(S)	可能性(L)	相对风险率(RR)	现有安全措施	类型	IPL 的失效概率	风险类别	严重性(S)	可能性(L)	相对风险率(RR)	描述	类型	IPL 的失效概率	风险类别	严重性(S)	可能性(L)	相对风险率(RR)

续表

原因/初始事件	原始风险				保护措施及失效概率			降低后风险				建议改进措施			剩余风险			
	风险类别	严重性(S)	可能性(L)	相对风险率(RR)	现有安全措施	类型	IPL的失效概率	风险类别	严重性(S)	可能性(L)	相对风险率(RR)	描述	类型	IPL的失效概率	风险类别	严重性(S)	可能性(L)	相对风险率(RR)

模块三

题库自测

三社會

錢自求譯

一、单项选择题

1. （　　）是指人体有意或无意与危险的带电部分直接接触导致的电击。

   A. 直接接触电击

   B. 间接接触电击

   C. 电伤

   D. 电击

2. 安全阀是一种（　　）装置。

   A. 计量

   B. 联锁

   C. 报警

   D. 泄压

3. 作为职业危害因素，属于化学因素的是（　　）。

   A. 病毒

   B. 高温

   C. 工业毒物

   D. 辐射

4. （　　）是扑救精密仪器火灾的最佳选择。

   A. 二氧化碳灭火剂

   B. 干粉灭火剂

   C. 泡沫灭火剂

   D. 卤代烷灭火剂

5. 电器设备的避雷器是防止（　　）危害的防雷装置。

   A. 泄漏、消散静电、防尘

   B. 静电中和

   C. 吸收静电

6. 存放爆炸物的仓库内，应该采用（　　）照明设备。

A. 白炽灯

B. 日光灯

C. 防爆型灯具

D. 钠灯

7. 危险化学品安全技术说明书（　　）更换一次。

A. 每三年

B. 每两年

C. 每五年

D. 每年

8. 用灭火器灭火时，灭火器的喷射口应该对准火焰的（　　）。

A. 上部

B. 中部

C. 根部

9. 控制风机进、排气噪声，一般采用的方法是安装（　　）。

A. 消声器

B. 隔声器

C. 隔声室

D. 声屏障

10. 在生产劳动过程和作业环境中存在危害劳动者健康的因素，称为（　　）。

A. 职业性危害因素

B. 劳动生理危害因素

C. 劳动心里危害因素

D. 劳动环境危害因素

11. （　　）气体有臭鸡蛋气味。

A. H_2S

B. SO_2

C. HCl

D. NO

12. 不能加热的仪器是（   ）。

A. 试管

B. 蒸发皿

C. 烧杯

D. 量筒

13. 工作场所中有毒物质的浓度必须控制在（   ）以下。

A. 工人接触时间肺总通气量

B. 呼吸性粉尘容许浓度

C. 最高容许浓度

D. 粉尘浓度超标倍数

14. 一般有毒作业设置（   ）警示线。

A. 黄色区域

B. 红色区域

C. 绿色区域

D. 蓝色区域

15. 职业健康监护档案应当包括劳动者的职业史（   ）、职业健康检查结果和职业病诊疗等有关个人健康资料。

A. 职业病危害接触史

B. 遗传病

D. 身体状况

C. 病史

16. 大型化工企业危险化工工艺的装置在初步设计完成后要进行HAZOP分析。国内首次采用的化工工艺，要通过（   ）有关部门组织专家组进行安全论证。

A. 县级

B. 设区的市级

C. 省级

D. 国家

17. （　　）文件要求所有企业开展 HAZOP 分析。

A. 安监总管三［2011］93 号

B. 安监总管三［2012］87 号

C. 安监总管三［2010］186 号

D. 安监总管三［2013］76 号

18. 涉及"两重点一重大"的危险化学品生产、储存企业应每（　　）年至少开展一次 HAZOP 分析。

A. 2

B. 3

C. 4

D. 5

19. 在安监总管三［2009］124 号《国家安全监管总局关于进一步加强危险化学品企业安全生产标准化工作的指导意见》中，主要对 HAZOP 作出了（　　）要求。

A. 有条件的央企开展 HAZOP 分析

B. 所有央企开展 HAZOP 分析

C. 所有企业开展 HAZOP 分析

D. "两重点一重大"装置 3 年开展一次 HAZOP 分析

20. 按照《生产安全事故报告和调查处理条例》（中华人民共和国国务院令第 493 号）规定，特别重大事故的划分条件之一是（　　）。

A. 造成 30 人以上死亡

B. 10 人以上 30 人以下死亡

C. 经济损失 1000 万元以下

D. 经济损失 5000 万元到 1 亿元

21. 在涉及危险化学品的领域，《MSDS》一般是指什么（　　）。

A. 《化学品安全技术说明书》

B. 《生产工艺》

C. 《清洗剂说明书》

D. 《分板机操作规程》

22. 如果想知道所使用的化学品是否易燃，可参考有关的《化学品安全技术说明书》(《MSDS》)内（   ）资料。

A. 分子量

B. 蒸气压力

C. 闪点

D. 密度

23. 某装置在正常运转时，可能会出现爆炸性气体混合物，按照我国有关国家标准规定，应该按爆炸危险区域考虑设计，（   ）可以划为非爆炸区域。

A. 易燃物质可能出现的最高浓度不超过爆炸下限值的10%

B. 因为只是可能会出现，属于偶然概率，所以可以不予考虑

C. 露天或敞开式装置，任何地方都可以不作为防爆区

D. 当地主管部门没有强调提出要求

24. 《危险化学品企业事故隐患排查治理实施导则》(安监总管三[2012]103号)规定，企业进行隐患排查的频次应满足：装置操作人员现场巡检间隔不得大于2小时，涉及"两重点一重大"的生产、储存装置和部位的操作人员现场巡检不得大于（   ）小时。

A. 0.5

B. 1

C. 1.5

D. 2

25. 在危险化学品分类中，硫化氢属于（   ）。

A. 毒性气体

B. 爆炸品

C. 易燃气体

D. 易燃液体

26. 在危险化学品分类中，乙烯属于（   ）。

   A. 毒性气体

   B. 爆炸品

   C. 易燃气体

   D. 易燃液体

27. 在危险化学品分类中，乙醇属于（   ）。

   A. 毒性气体

   B. 爆炸品

   C. 易燃气体

   D. 易燃液体

28. （   ）化工工艺不在"重点监管危险化工工艺"名单之中。

   A. 氯碱电解工艺

   B. 合成氨工艺

   C. 化妆品生产工艺

   D. 煤制甲醇

29. （   ）不在"重点监管危险化学品"名单之中。

   A. 原油

   B. 碳酸钠

   C. 乙醇

   D. 甲醇

30. HAZOP分析团队认为某氯气低压输送管道15mm小孔泄漏，造成2人中毒，1人死亡，经济损失800万元，按照《生产安全事故报告和调查处理条例》（中华人民共和国国务院令第493号）规定，事故等级为（   ）。

   A. 一般事故

   B. 重大事故

   C. 较大事故

   D. 特别重大事故

31. 某工程总承包单位 2 名施工人员用卸料平台转运钢管时，由于卸料平台倾斜，造成 2 名作业人员和钢管一起坠落，坠落的钢管砸到路过的分包单位的 3 名工人，这起事故造成 2 人死亡，3 人受伤。依据《生产安全事故报告和调查处理条例》（国务院令第 493 号），该起事故等级是（　　）。

   A. 一般事故

   B. 重大事故

   C. 较大事故

   D. 特别重大事故

32. 《关于加强化工过程安全管理的指导意见》要求，企业对其他生产储存装置的风险辨识分析，针对装置不同的复杂程度，选用安全检查表、工作危害分析、预危险性分析、故障类型和影响分析（FMEA）、HAZOP 技术等方法或多种方法组合，可每（　　）年进行一次。

   A. 3

   B. 4

   C. 4

   D. 5

33. （　　）不属于 HAZOP 分析内容。

   A. 后果

   B. 风险

   C. 可能性

   D. 检测覆盖率

34. 某地输油管线发生破裂，导致部分原油沿雨水管线进入海湾，海面过油面积约 3000 m^2；原油泄漏同时伴随爆燃，最后导致 63 人死亡，9 人失踪，156 人受伤，直接经济损失在 7.5 亿元以上。按照《国家突发环境事件应急预案》规定，该事件应该定为（　　）。

   A. 特别重大环境事件

   B. 重大环境事件

C. 较大环境事件

D. 一般环境事件

35. 某地由于管道腐蚀导致燃油泄漏至下水道，电线短路引爆燃油，从而导致该市发生煤气大爆炸，事故造成 200 多人死亡，1470 人受伤，1600 余建筑损毁，8km 长的街道以及通信输电管线毁坏，按照《生产安全事故报告和调查处理条例》（中华人民共和国国务院令第 493 号）规定，事故等级为（　　）。

    A. 一般事故

    B. 重大事故

    C. 较大事故

    D. 特别重大事故

36. 按照《生产安全事故报告和调查处理条例》（中华人民共和国国务院令第 493 号）规定，特别重大事故的划分条件之一是（　　）。

    A. 造成 30 人以上死亡

    B. 10 人以上 30 人以下死亡

    C. 经济损失 1000 万元以下

    D. 经济损失 5000 万元到 1 亿元

37. 按照《生产安全事故报告和调查处理条例》（中华人民共和国国务院令第 493 号）规定，较大事故的划分条件之一是（　　）。

    A. 造成 30 人以上死亡

    B. 10 人以上 30 人以下死亡

    C. 经济损失 1000 万元以下

    D. 经济损失 5000 万元到 1 亿元

38. 按照《国家突发环境事件应急预案》规定，一般环境事件（Ⅱ级）划分条件包括（　　）。

    A. 发生 30 人以上死亡

    B. 区域生态功能部分丧失或濒危物种生存环境受到污染

    C. 3 类放射源丢失、被盗或失控

D. 因环境污染造成跨县级行政区域纠纷，引起一般群体性影响

39. 按照《国家突发环境事件应急预案》规定，重大环境事件（Ⅱ级）划分条件包括（　　）。

A. 重伤100人以上

B. 因环境污染造成重要河流、湖泊、水库及沿海水域大面积污染，或县级以上城镇水源地取水中断的污染事件

C. 化学反应材料

D. 腐蚀性材料

40.《MSDS》是指（　　）。

A.《化学品安全技术数据说明书》

B.《化学品详细数据说明书》

C.《化学品种类数据说明书》

D.《化学品数量数据说明书》

41. （　　）是《MSDS》的内容。

A. 材料组成和成分信息

B. 危险标志

C. 急救措施

D. 化学品及企业标志

42. 车间张贴在现场的《MSDS》共有（　　）项内容。

A. 14

B. 16

C. 18

D. 20

43. （　　）需要配置或张贴安全数据清单《MSDS》。

A. 危险物品使用的场所

B. 危险物品储存的场所

C. 危险物品处理的场所

D. 危险物品购买的部门

44. 《关于加强化工安全仪表系统管理的指导意见》（安监总管三[2014]116号）要求，涉及"两重点一重大"在役生产装置的化工企业和危险化学品储存单位，要全面开展过程危险分析，并评估现有（　　）是否满足风险降低要求。

　　A. 管理措施

　　B. 生产条件

　　C. 安全仪表功能

　　D. 技术力量

45. 《化学品安全技术说明书》《MSDS》包括的信息主要有（　　）。

　　A. 含量、爆炸点/燃点

　　B. 安全操作程序

　　C. 所需的个人保护装备、紧急救护的措施

　　D. 以上各项

46. 《关于加强化工过程安全管理的指导意见》（安监总管三[2013]88号）中的"两重点一重大"是指（　　）。

　　A. 重点装置、重点岗位、重大隐患

　　B. 重点人员、重点设备、重大事故

　　C. 重点监管危险化学品、重点监管危险化工工艺和危险化学品重大危险源

　　D. 重点装置、重点仓库、重大危险源罐区

47. 根据国家应急管理部的规定，所谓"两重点一重大"项目是指（　　）。

　　A. 危险化学品重大危险源

　　B. 重点监控的危险化工新工艺

　　C. 重点监管的危险化工工艺

　　D. 重点监管的危险化学品

48. 涉及"两重点一重大"和首次工业化设计的建设项目，必须在（　　）开展 HAZOP 分析。

A. 可行性研究阶段

B. 基础设计阶段

C. 实验室阶段

D. 竣工验收阶段

49. 检查液化石油气管道或阀门泄漏的正确方法是（　　）。

A. 用鼻子嗅

B. 用火试

C. 用肥皂水涂抹

D. 用试剂试

50. 现场心肺复苏的三个步骤是（　　）。

A. 打开气道、口对口吹气、胸外心脏按压

B. 口对口吹气、胸外心脏按压、打开气道

C. 胸外心脏按压、打开气道、口对口吹气

D. 口对口吹气、胸外心脏按压、打开气道

51. HAZOP分析方法最早是由（　　）开始使用。

A. 德国拜耳集团

B. 中国石油化工集团

C. 英国帝国化学工业集团

D. 美国陶氏化学公司

52. HAZOP分析为（　　）安全评价方法。

A. 定量

B. 定性

C. 半定量

D. 定级

53. HAZOP分析的关键要素是（　　）。

A. 节点、偏差、原因、后果、措施

B. 时机、节点、偏差、原因、后果

89

C. 时机、偏差、原因、后果、措施

D. 成员、节点、偏差、原因、措施

54. （   ）说法是错误的。

A. 节点的划分没有统一的标准

B. 爆破片、安全阀是常见的保护措施

C. HAZOP 分析仅适用于设计阶段

D. HAZOP 分析是工艺危害分析的重要方法之一

55. 关于 HAZOP 分析，说法正确的是（   ）。

A. HAZOP 是一种定量的分析方法

B. HAZOP 分析一个人就可以完成

C. HAZOP 分析无法发现可操作性问题

D. HAZOP 分析是一种头脑风暴法

56. 在 PID 图中，（   ）常被用来表示固定管板式列管换热器。

A.

B.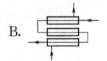

C.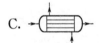

D.

57. 在 PID 图中，一般使用（   ）作为容器（槽、罐）的设备类别编号。

A. T

B. P

C. R

D. V

58. 在 PID 图中，（　　）常被用来表示法兰连接。

A. ―――――⊐

B. ―――⊢⊣―――

C. ―――――――

D. ―――――⊣

59. 在 PID 图中，工艺物料 PW 一般是指（　　）的缩略词。

A. 工艺液体

B. 工艺空气

C. 工艺固体

D. 工艺水

60. 在 PID 图中，下图一般用来表示（　　）。

A. 压力高、低报警

B. 压力高报警

C. 压力低报警

D. 压力高、低低报警

61. 在 PID 图中，公用工程物料代号 LS 一般是指（　　）的缩略词。

A. 高压蒸气

B. 中压蒸气

C. 低压蒸气

D. 伴热蒸气

62. 在 PID 图中，公用工程物料代号 BW 一般是指（　　）的缩略词。

A. 锅炉给水

B. 消防水

C. 化学污水

D. 脱盐水

63. 在 PID 图中，公用工程物料代号 RO 一般是指（　　）的缩略词。

A. 污油

B. 润滑油

C. 原油

D. 导热油

64. 在PID图中，公用工程物料代号LNG一般是指（　　）的缩略词。

A. 燃料气

B. 固体燃料

C. 液化天然气

D. 液化石油气

65. 在PID图中，公用工程物料代号CAT一般是指（　　）的缩略词。

A. 添加剂

B. 催化剂

C. 惰性材料

D. 泥浆

66. 在PID图中，公用工程物料代号CWR一般是指（　　）的缩略词。

A. 循环冷却水上水

B. 循环冷却水回水

C. 热水回水

D. 热水上水

67. 在PID图中，仪表TI一般是指（　　）的缩略词。

A. 温度变送器

B. 温度显示控制器

C. 温度显示器

D. 温度低报警器

68. 在PID图中,仪表LG一般是指(　　)的缩略词。

A. 液位输出控制

B. 液位变送器

C. 现场液位显示

D. 液位报警带输出控制

69. 在PID图中,仪表TE一般是指(　　)的缩略词。

A. 温度指示

B. 温度测量元件

C. 温度显示控制

D. 温度低报警

70. 在PID图中,仪表PV一般是指(　　)的缩略词。

A. 设定值

B. 实际测量值

C. 输出值

D. 输入值

71. 在PID图中,仪表FIC一般是指(　　)的缩略词。

A. 流量变送器

B. 流量显示控制器

C. 流量显示器

D. 低流量报警

72. 消除粉尘危害的根本途径是(　　)。

A. 采用工程技术措施

B. 加强安全管理

C. 加强个体防护

D. 减少接触时间

73. 在PID图中,细实线一般是表示(　　)。

A. 电动信号线

B. 软连接线

C. 过程连接

D. 气动信号线

74. 在PID图中，仪表FT一般是指（   ）的缩略词。

A. 流量指示

B. 流量变送

C. 流量控制

D. 流量记录

75. 在PID图中，（   ）常被用来表示离心泵（卧式）。

A.

B.

C.

D.

76. 盲板的作用是确保有毒、有害、易燃等介质被有效隔离，其安装时应该在（   ）。

A. 生产过程中

B. 物料未排尽前

C. 物料排尽后

D. 物料排放期间

77. 在PID图中，（   ）常被用来表示截止阀。

A.

B.

C.

D.

78. 如下图所示符号，一般代表（　　）。

A. 爆破片

B. 安全阀

C. 偏心异径管

D. 旋塞阀

79. 在 PID 图中，（　　）常被用来表示 8 字盲板（正常开启）。

A.

B.

C.

D.

80. （　　）为气闭式气动薄膜调节阀。

A.

B.

C.

D.

81. 粒径小于（　　）μm 的粉尘，其对人的健康危害更大。

A. 20

B. 5

C. 10

D. 50

82. 吸收法是采用适当的（　　）作为吸收剂，根据废气中各组分在其中的（　　）不同，而使气体得到净化的方法。

A. 液体，分散度

B. 固体，分散度

C. 液体，溶解度

D. 固体，溶解度

83. 关于海因里希法则的说法中，错误的是（   ）。

A. 死亡（或重伤）、轻伤、未产生人员伤害的比例为 1：29：300

B. 对于不同的生产过程，无论事故是何种类型，上述比例关系是完全相同的

C. 该法则表明，要防止重大事故的发生必须减少和消除无伤害事故

D. 该法则表明，在同一项活动中，无数次意外事件必然导致重大伤亡事故的发生

84. 某化工厂发生一起火灾事故，造成 2 人死亡，1 人重伤，3 人轻伤。事故发生 1 个月后，重伤者因救治无效死亡。依据《生产安全事故报告和调查处理条例》的规定，关于事故补报的说法正确的是（   ）。

A. 该厂应在 3 日内向安全监管部门补报该事故伤亡情况并说明情况

B. 该厂无须向安全监管部门补报该事故伤亡人数更新情况

C. 安全监管部门应根据更新的伤亡人数重新界定该事故等级

D. 安全监管部门应向本级人民政府补报该事故伤亡人数更新情况

85. （   ）不宜直接用于高浓度氨氮废水处理。

A. 折点氧化法

B. 气提法

C. 吹脱法

D. A/O 法

86. 在城市污水处理厂里，常设置在泵站、沉淀池之前的处理设备有（   ）。

A. 格栅

B. 筛网

C. 沉砂池

D. 格栅、筛网、沉砂池

87. 人体触电致死，主要是（   ）器官受到严重伤害。

A. 心脏

B. 肝脏

C. 肾脏

D. 皮肤

88. 依据《中华人民共和国安全生产法》的规定，生产经营单位应当按照国家有关规定将本单位重大危险源及有关安全措施、应急措施报（ ）备案。

    A. 有关地方人民政府公安部门

    B. 有关地方人民政府劳动管理部门

    C. 有关地方人民政府安全生产监督管理部门和有关部门

    D. 有关地方人民政府公安部门和安全生产监督管理部门

89. 依据《中华人民共和国突发事件应对法》的规定，关于突发事件预警级别的说法，正确的是（ ）。

    A. 分为一、二和三级，分别用红、橙、黄色标示，一级为最高级别

    B. 分为一、二和三级，分别用黄、橙、红色标示，三级为最高级别

    C. 分为一、二、三和四级，分别用红、橙、黄、蓝色标示，一级为最高级别

    D. 分为一、二、三和四级，分别用蓝、黄、橙、红色标示，四级为最高级别

90. 依据《中华人民共和国职业病防治法》的规定、新建煤化工项目的企业，应在项目的可行性论证阶段，针对尘毒危害的前期预防，向相关政府行政主管部门提交（ ）。

    A. 职业病危害评价报告

    B. 职业病危害预评价报告

    C. 职业病危害因素评估报告

    D. 职业病控制论证报告

91. 存在甲类可燃气体的工艺设备或房间，在操作温度低于可燃气体自燃点的情况下，与控制室、机柜间、变配电所、化验室、办公室等的防火间距为（ ）m。

    A. 7.5

B. 10

C. 15

D. 22.5

92. 在不加样品的情况下，采用与测定样品同样的方法、步骤，对空白样品进行定量分析，称为（　　）。

A. 对照试验

B. 平行试验

C. 空白试验

D. 预试验

93. 化学分析室中存有各类易燃、易爆类试剂，属于极易燃的试剂是（　　）。

A. 硫化钠

B. 石油醚

C. 三氧化二砷

D. 氢氧化钠

94. 有些化学药品与其他药品混合时就会变成易燃品，十分危险，（　　）试剂与浓硝酸、浓硫酸混合时，会产生燃烧。

A. 甘油

B. 甲醇

C. 盐酸

D. 乙醇

95. 对于电炉有关说法错误的是（　　）。

A. 电源电压与电炉本身电压相同

B. 新更换的炉丝功率与原来的相同

C. 加热玻璃仪器必须垫上石棉网，加热金属容器不能触及炉丝

D. 可直接放在水泥、木质、塑料等实验台上

96. 对比水轻又不溶于水的易燃和可燃液体，如苯、甲苯、汽油、煤油、轻柴油等的火灾，不可以（　　）。

A. 用水冲

B. 用泡沫覆盖

C. 用沙掩盖

D. 用二氧化碳灭火剂

97. 磷的存放和使用，正确的是（　　）。

A. 不用防潮

B. 直接烘干

C. 直接投入醇进行酯化反应

D. 密封干燥保存

98. 正确储存金属钠的方式是（　　）。

A. 浸入煤油中

B. 放入卤代烃中

C. 露天存放

D. 放入水中

99. 易燃固体火灾扑救时不正确的是（　　）。

A. 易燃固体燃点较低，受热、冲击、摩擦或与氧化剂接触能引起急剧及连续的燃烧或爆炸

B. 铝粉、镁粉等着火时不能用水和泡沫灭火剂扑救

C. 粉状固体着火时，应当用灭火剂直接强烈冲击着火点

D. 磷的化合物、硝基化合物和硫黄等易燃固体着火燃烧时会产生有毒和刺激气体，扑救时人要站在上风向，以防中毒

100. 在节流装置的流量测量中，进行温度、压力等修正是修正（　　）。

A. 疏忽误差

B. 系统误差

C. 偶然误差

D. 附加误差

姓名　　　学号　　　班级

二、判断题

1. 《化学品安全技术说明书》《MSDS》，是关于化学品燃、爆、毒性和生态危害，以及安全使用、泄漏应急处置、主要理化参数、法律法规等方面信息的综合性文件。（　　）

2. 粉尘分散度越高，在空气中存留时间越长，被机体吸收的概率就越多。（　　）

3. 在役装置的HAZOP分析，原则上每3～5年进行一次，装置发生与工艺有关的较大事故后和装置进行工艺变更之前都应及时开展危险与可操作性分析。（　　）

4. "两重点一重大"是指：重点监管的危险化学品，重点监管的危险化工工艺，危险化学品重大隐患。（　　）

5. 在工艺操作的初期阶段使用HAZOP分析时，只要有适当的工艺和操作规程方面的资料，评价人员就可以依据它进行分析，但HAZOP的分析并不能完全替代设计审查。（　　）

6. 危险化学品生产企业应当提供与其生产的危险化学品相符的《化学品安全技术说明书》《MSDS》，并在危险化学品包装（包括外包装件）上粘贴或者拴挂与包装内危险化学品相符的化学品安全标签。（　　）

7. 涉及"两重点一重大"的化工工艺，应采用危害分析法（JHA）进行辨识。（　　）

8. 涉及"两重点一重大"的化工工艺，应采用危险与可操作性分析法（HAZOP）进行辨识。（　　）

9. HAZOP分析在连续流程和间歇流程中均适用。（　　）

10. HAZOP分析最早应用于化工行业，目前也只适用于化工行业。（　　）

11. HAZOP分析只适用于工程设计阶段，在役运行装置一般不需要组织HAZOP分析。（　　）

12. 工程变更后不需要再次进行HAZOP分析。（　　）

13. 应对生产装置每年开展 1 次危险与可操作性分析，并完成相应的整改工作。（　）

14. HAZOP 分析方法是基于这样一个基本概念，即各个专业、具有不同知识背景的人员组成分析组一起工作，比他们独自一人单独工作更具有创造性与系统性，能识别更多的问题。（　）

15. HAZOP 分析可以在工厂运行周期内的任何时间段进行。（　）

16. HAZOP 分析是一种定量的风险评价方法。（　）

17. 过程安全事故通常由单一原因导致。（　）

18. 过程安全主要关注工艺的合理性与完好性，基本出发点是防止危险化学品泄漏或能量的意外释放，以避免灾难性的事故。（　）

19. 过程安全只与工程、生产、维修维护等方面有关，不涉及研发与设计阶段。（　）

20. 流程工厂不需要成文的操作规程，只需要通过老员工言传身教即可。（　）

21. HAZOP 分析结果不可作为员工的辅助培训教材。（　）

22. HAZOP 分析是工艺危害分析（PHA）的工具之一，即是一种工艺危险分析方法，全称是危险与可操作性分析。（　）

23. 工艺危害分析的目的是发现工艺过程中潜在的风险；对象是事故剧情，也包括可能导致事故的人为因素。（　）

24. 所谓事故剧情，就是导致损失或相关影响的非计划事件或事件序列发展历程，包括涉及事件序列的保护措施能否成功按照预定设计意图发挥干预作用。（　）

25. 事故后果定性分析需要考虑和计算气象条件、地面特征、物料性质、泄漏量和持续事件等自然条件和工艺条件。（　）

26. 事故后果定量分析是工艺危害分析小组利用在装置操作岗位长期积累的经验，快速判断出现的危害后果和波及范围。（　）

27. 所谓后果即某个具体损失事件的结果，通常是指损失事件造成的物理效应和影响。（　）

姓名_____ 学号_____ 班级_____

28. ALARP 是落实风险管理的良好指南，意思是在合理的、可行的情况下尽量降低风险。假如某公司投入 50 万元修建栈桥，以避免操作人员攀爬储罐的直梯，这种行为是符合 ALARP 原则的。（   ）

29. HAZOP 分析对象通常是由装置或项目负责人确定的，并得到 HAZOP 分析组的组织者的帮助。（   ）

30. 提出控制风险的建议措施是生产运行阶段的 HAZOP 分析的目标之一。（   ）

31. HAZOP 分析方法可按分析的准备、完成分析和编制 HAZOP 评价表的步骤进行。（   ）

32. HAZOP 分析项目的截止日期至关重要，如果发现在规定的时间内不能完成分析任务，那么就需要严格执行预定计划，减少部分分析与讨论。（   ）

33. 过程安全事故一般由单一原因导致。（   ）

34. 危险化学品主标志是由表示危险化学品危险特性的图案、文字说明、底色和危险类别号四个部分组成的菱形标志。（   ）

35. 危险化学品仓库的库房门应为铁门或木质外包铁皮门并采用内开式。（   ）

36. 生产经营单位对应当淘汰的危及生产安全的工艺、设备，可在采取加强管理和加强安全教育措施后继续使用。（   ）

37. 闪点是表示易燃易爆液体燃爆危险性的一个重要指标，闪点越高，爆炸危险性越大。（   ）

38. 扑救有毒气体火灾时要戴防毒面具，且要站在下风方向。（   ）

39. 可燃性气体或蒸气的浓度低于下限或高于上限时，都会发生爆炸。（   ）

40. 二氧化碳灭火器可以扑救钾、钠、镁金属火灾。（   ）

41. 管道的最大工作压力随着介质工作温度的升高而升高。（   ）

42. 爆破片不宜用于介质具有剧毒性的设备或压力急剧升高的设备。（   ）

43. 部分漏电保护装置带有过载、过压、欠压和缺相保护功能。
（　）

44. 储存危险化学品的建筑必须安装通风设备，并注意设备的防护措施。（　）

45. 电石（碳化钙）可以露天存放。（　）

46. 气体放空接合管应设置在罐体顶部。当罐体顶部设有人孔时，气体放空接合管可设置在人孔盖上。（　）

47. 操作人员在进入受限空间之前，操作空间含氧量必须达到17.5%（体积分数）（　）

48. 罐外作业一般应指派2人以上作罐外监护。（　）

三、简答题

1. 清洁生产的定义是什么？
2. 调节器参数整定的任务是什么？
3. 什么是串级调节系统？
4. 什么是比值控制系统？
5. 什么是均匀控制系统？
6. 什么是分程控制系统？
7. 什么是ESD系统？
8. 什么是故障安全？
9. 为什么防爆开关使用前，应擦去厂家涂抹的黄油？
10. 在装置引入原料前和引入过程中，应进行哪些操作？
11. 在吹扫系统时，要做哪方面的工作？
12. 开车前，应对蒸气凝液系统进行吹扫，其作用有哪些？
13. 生产装置初起火灾如何扑救？
14. 运行中的自动开关，巡视检查的主要内容有哪些？
15. 雷击天气装置巡检的注意事项是什么？
16. 什么是闪点？闪点与火灾危险性有什么关系？

17. 什么叫自燃点？在防火中有何意义？

18. 什么叫爆炸极限、爆炸范围？它们与爆炸危险性有什么关系？

19. 石油化工火灾的特点是什么？

20. 某连续精馏塔在常压下分离苯-甲苯混合液，已知处理量为 15300kg/h，原料液中苯的含量为 45.9％，工艺要求塔顶馏出液中苯的含量不小于 94.2％，塔釜残液中苯的含量不大于 4.27％（以上均为质量分数）。试求馏出液量和残液量。

参考文献

[1] 辛晓，李东升，徐淳．化工危险与可操作性（HAZOP）分析（中级）[M]．北京：化学工业出版社，2022．

[2] 冷士良，陆清，宋志轩．化工单元操作及设备[M]．3版．北京：化学工业出版社，2021．

[3] 齐向阳，王树国．化工安全技术[M]．3版．北京：化学工业出版社，2020．

[4] 葛奉娟．化工仿真实训教程[M]．北京：化学工业出版社，2022．

[5] 张荣，王会强．现代化工HSE理论题库[M]．北京：化学工业出版社，2017．